AF345184

1,200,000 francs, declare retirer son amendement.

M. LE GÉNÉRAL LAMARQUE propose une réduction de 638,468 fr
M. LE MINISTRE DE LA GUERRE soutient que le traité existant doit
exécuté.

les circonstances politiques à jouer le premier rôle dans le nord
montra parfois sensible à une pareille gloire, qui soutint a
autant d'éclat que de succès l'honneur de sa couronne et de
pays ; dont la France, l'Espagne, la Hollande, l'Angleterre, a
bitionnèrent l'alliance ; à qui le commerce dut tant d'édits avan
geux, qui donna tant de splendeur et de vie aux institutions
vantes et littéraires essayées sous les règnes qui précédèrent le si
Christine, qui n'avait jamais voulu subir le joug de l'hymen con
lequel se révoltait sa fierté, ne songea plus qu'à voyager en
ronnée d'une suite nombreuse. Sur le trône elle avait cédé à
désirs d'amour ; rendue à la vie privée, elle devait encore s'ab
donner davantage à ses passions. Elle traverse successivement
Danemarck, l'Allemagne, l'Italie, et visite deux fois la Franc
Déjà elle avait prédit l'éclat que devait jeter le règne de Louis XI
Partout où, toujours reine quoique descendue du trône, elle pr
mena sa cour errante, Christine produisit une sensation extraor
naire ; ses mœurs, l'inégalité de sa conduite, son costume,
physionomie, et son maintien, même excitaient la curiosité.

Cette princesse était d'une petite taille ; son bras était beau,
main d'une grande blancheur, mais très forte ; ses traits étaie
marqués, ses yeux remplis de vivacité, de feu ; ils respiraient
fierté. Elle se montrait fort affable. Son costume était un justa
corps d'homme de satin noir, tombant sur les genoux, et boutonn
jusqu'en bas ; une jupe fort courte découvrait un soulier d'homm
au lieu de cravate, elle portait un gros nœud de ruban noir. C'e
sous ce costume que la fille de Gustave-Adolphe, que du reste d'A
lembert a jugée avec un peu de rigueur, arriva en France pour la s
conde fois en 1657. On conçoit que l'amazone suédoise dut appr
ter à rire aux dames de la cour de Louis XIV, qui ne l'accueillire
pas moins avec un grand empressement. Christine, importunée pa
d'or des lettres et surtout le manuscrit d'un pamphlet dans leque
le frivole écuyer, confiant au papier ses bonnes fortunes royales
révèle en riant ses liaisons avec Christine ; où il traite l'illustre ama
one en termes un peu lestes. Armé de ces preuves de la perfidie
de l'infidélité du bel écuyer, il se présente à Fontainebleau. L'ar
ivée de Sentinelli effraie Monaldeschi ; mais, confiant en sa faveu
ûr de son ascendant sur la reine, ses inquiétudes sont bientôt ca

BIBLIOTHÈQUE DES ENFANTS.

PETIT

COURS D'HISTOIRE NATURELLE

EN HUIT PARTIES.

VIIIe PARTIE.

LES MINÉRAUX.

BIBLIOTHÈQUE DES ENFANTS.

Collection de jolis Ouvrages pour l'Enfance et la Jeunesse.

Par Mesdames GUIZOT, TASTU, ULLIAC-TRÉMADEURE, L. BERNARD, E. VOÏART, WALDORD, Miss EDGEWORTH, BERQUIN, SCHMIDT, etc.

40 vol. in-18 sont en vente.

NOTA. Ces jolis volumes sont imprimés avec soin sur beau papier, ornés de jolies vignettes gravées sur acier, d'un titre orné imprimé en couleur, et d'une jolie couverture ornée et gravée sur bois par Porret.

MADAME GUIZOT.

15 vol. in-18, adoptés par l'Université.

ARMAND, ou le petit Garçon indépendant, suivi d'autres jolis contes, 1 vol. avec vignettes.

AGLAÉ et LÉONTINE, ou les Tracasseries, 1 vol., fig.

CAROLINE, ou l'Effet d'un malheur, 1 vol., fig.

CÉCILE et NANETTE, ou la Voiture versée, 1 vol., fig.

CURÉ DE CHAVIGNAT (le), 1 vol., fig.

ÉDOUARD et EUGÉNIE, ou le Sac brodé et l'Habit neuf, 1 vol., fig.

ÉMILIE et LAURETTE, ou la grande Allée des Tuileries, 1 vol., fig.

EUDOXIE, ou l'Orgueil permis, 1 vol., fig.

HISTOIRE D'UN LOUIS D'OR, 1 v., fig.

JULES, ou le jeune Précepteur, 1 v. fig.

MARIE, ou la Fête-Dieu, 1 vol., fig.

LA MÈRE ET LA FILLE, 1 vol., fig.

NADIR, suivi de la bonne Conscience, 1 vol., fig.

LE PAUVRE JOSÉ, 1 vol., fig.

SCARAMOUCHE, suivi du Premier jour de collége, 1 vol., fig.

MADAME M. WALDOR.

4 vol. in-18.

LES PETITS COLLIBERTS, 1 vol., fig.

VICTOR, ou le Bazar des pauvres, 1 vol., fig.

NELLY, ou la Piété filiale, 1 vol., fig.

AUGUSTE, ou le Choix d'un état, 1 vol., fig.

Mlle. ULLIAC-TRÉMADEURE

21 vol. in-18.

LES QUADRUPÈDES, Entretiens familiers sur l'Histoire naturelle, 1 vol. orné de 4 jolies fig., 1838.

LES OISEAUX, etc., 1 v., 4 fig.

LES REPTILES ET LES POISSONS, etc., 1 vol., 4 fig.

LES COQUILLAGES, etc., 1 v., 4 fig.

LES INSECTES, etc., 1 vol., 4 fig.

LES ANIMAUX-PLANTES, 1 vol., 4 fig.

LES VÉGÉTAUX, etc., 1 v., 4 fig.

LES MINÉRAUX, etc., 1 v., 4 fig.

Ces huit volumes forment un petit *Cours d'Histoire naturelle.*

HISTOIRE DE JEAN-MARIE, ouvrage couronné, 1 vol. avec fig.

MANETTE, ou la Vache noire, conte sur l'Histoire naturelle, 1 v., fig.

JACQUOT, ou la Basse-Cour de ma tante, 1 vol., fig.

PYRAMIDE, ou le Cheval du lancier, 2 vol., fig.

LÉON, ou le jeune Graveur, 1 vol., fig.

VALÉRIE, ou la jeune Artiste, 1 v., fig.

PROSPER, ou le jeune Sculpteur, 1 vol., fig.

EMMELINE, ou la jeune Musicienne, 1 vol., fig.

GUSTAVE, ou le petit Jardinier, 1 vol., fig.

ADÈLE, ou la petite Fermière, 1 v., fig.

EUGÈNE, ou le petit Vigneron, 1 v., fig.

ADOLPHE, ou le petit Laboureur, 1 vol., fig.

Grotte d'Antiparos.

Grotte de Fingal.

BIBLIOTHÈQUE DES ENFANTS
LES
MINÉRAUX
SAGESSE
OBÉISSANCE
DISCRÉTION
MODESTIE
TRAVAIL.
RELIGION
APPLICATION
PIÉTÉ FILIALE
SENSIBILITÉ
MORALE.
VERTU
DIVINE
DIDIER ÉDITEUR
EDOUARD MAY.
PEDALT.

LES MINÉRAUX.

ENTRETIENS FAMILIERS

SUR

L'HISTOIRE NATURELLE

DES MINÉRAUX.

PAR

Mlle. ULLIAC TRÉMADEURE.

PARIS,

LIBRAIRIE D'ÉDUCATION DE DIDIER,

47, QUAI DES AUGUSTINS.

1838.

IMPRIMERIE DE A. HENRY,
8, RUE OIT LE-COEUR,

LES MINÉRAUX.

ENTRETIENS FAMILIERS

sur

L'HISTOIRE NATURELLE.

CHAPITRE PREMIER.

Le règne minéral. — Cristallisation. — Arbre de Saturne. — Arbre de Diane. — Un peu de géologie.

— « Mon père, dit Cécile, qui était toujours la première à faire des questions, qu'est-ce que c'est, je te prie, que des minéraux ? Depuis deux jours,

Amédée et moi, nous cherchons à deviner quelles sont les choses qu'on appelle proprement ainsi, et nous ne pouvons y parvenir. Mon frère prétend que les minéraux c'est ce qu'on tire des mines, comme le fer, l'or, l'argent.

— » Ce sont des *métaux* que tu nommes-là, ma fille, répondit M. Derville, et non des minéraux. Ce dernier nom appartient aux corps bruts, vulgairement désignés par les dénominations de *pierres*, de *sels*, de *bitumes* ; on y joint les métaux, et ainsi se trouve composé *le règne minéral*.

Amédée. — Mais, mon père, il y a encore les fossiles?

M. Derville. — Ils appartiennent également au règne minéral dans lequel ils forment une classe tout-à-fait à part. Les fossiles ne se composent pas, comme les minéraux, des terres, des acides, des bitumes pétrifiés et cristallisés, mais de débris du règne animal et du règne végétal, enfouis dans la terre où ils subissent des altérations qui finissent quelquefois par les changer en véritables substances minérales ; tels, par exemple, la houille ou le charbon de terre. On y reconnaît visiblement les détritus ou débris des arbres et des plantes. Car, mes enfants, je vous l'ai déjà dit, dans l'intérieur de la terre ont lieu des transformations continuelles et bien admirables. Rien, dans ce vaste univers, ne cesse un moment d'être soumis à la loi du travail qui est générale. Il ne faut donc pas vous figurer qu'au sein de la terre il y ait immobilité ; si vous pouviez le croire, l'irruption seule des volcans suffirait pour vous prouver le contraire ; mais ce travail est lent, et lorsque l'homme ouvre une carrière de pierre ou de marbre ; lorsqu'il découvre une mine de fer, d'or, d'argent, d'étain, de houille ; lorsqu'il en retire des richesses, il ne fait que recueillir le produit de l'action et de la réaction des acides, des gaz, des oxides sur les corps bruts et sur eux-mêmes pendant des siècles.

CÉCILE. — Je voudrais bien *voir* quelques-unes de ces transformations, et toi, maman ?

MADAME DERVILLE. — Et moi aussi, mon enfant, si la chose était possible.

M. DERVILLE. — Dès qu'Amédée sera devenu chimiste, il pourra vous rendre témoins des phénomènes de la cristallisation dans la composition de ce que les pharmaciens appellent des *chefs-d'œuvre*, ou bien encore *arbre de Saturne* et *arbre de Diane*. Le nom de *Saturne*, fut jadis donné au plomb et celui de *Diane*, à l'argent.

AMÉDÉE. — Ah! je me souviens d'avoir vu de ces arbres-là; il y en a de blancs, de bleus vraiment magnifiques.

CÉCILE. — Comment les fait-on, mon petit père?

M. DERVILLE. — Je veux bien essayer de te le dire, mon enfant; mais, mon explication, je le crains, pourra bien ne point te paraître claire, parce qu'il me faudra me servir de mots qui auraient eux-mêmes besoin d'explication. Dans un flacon à large goulot, on dis-

pose des fils de laiton , que l'on con-
tourne et que l'on arrange de manière
à imiter les branches d'un arbre. On
y verse de l'eau dans laquelle on a fait
dissoudre une espéce de sel connu sous
le nom d'acétate de plomb ; dans cette
eau est plongée une lame de zinc,
retenue par des fils de laiton , au bou-
chon du flacon ; quelques jours sufffisent
pour que les fils de laiton , qui doivent servir de *base* à l'arbre et à ses
branches , se trouvent couverts de paillettes de plomb très-brillantes , et la
cristallisation de l'acétate de plomb est
alors opérée. *L'arbre de Diane* est préparé de la même manière ; mais ici le
mercure et le nitrate d'argent, employés à la place de l'acétade de plomb
et du zinc, produisent une cristallisation différente ; l'argent ne se montre
pas sous la forme de paillettes ; il appa-

rait sous celle de petites ramifications
très-nombreuses et très-éclatantes.

CÉCILE. — Alors, mon père, les cristallisations ne sont pas toutes semblables ?

M. DERVILLE. — Cette conclusion
résulte nécessairement de ce que je
viens de te dire ; et tu dois conclure
aussi , par l'exemple que t'offrent le
plomb et l'argent dans l'arbre de Saturne et dans l'arbre de Diane, que
c'est suivant le métal qui la fournit ,
que cette forme varie, de même que
la couleur. Elle varie encore suivant la
qualité du liquide dans lequel s'opère
la cristallisation ; ainsi le sel commun
qui se cristallisera en *cube* , c'est-à-dire
qui prendra la forme d'un dé à jouer
dans de l'eau pure, présentera celle

d'un cube *tronqué* ou coupé, ou aplati par les angles, si cette cristallisation s'opère dans de l'eau où l'on aura fait dissoudre de l'acide borique. Je te citerai plus tard d'autres exemples qui te prouveront que chaque minéral présente une forme primitive de cristallisation qui lui est propre et à laquelle il est facile de le reconnaître, lorsqu'une cause *secondaire* ne vient pas l'altérer, comme il arrive, tu le vois, pour le sel commun.

AMÉDÉE. — Mon père, cette forme primitive est, sans doute, le *caractère* des minéraux cristallisés?

M. DERVILLE. — Tu aurais parlé avec plus de justesse, si tu avais dit: l'*un* des caractères à l'aide desquels on a pu les classer. Cette forme primitive

est en effet sans cesse reproduite par
chacun des minéraux, en particulier,
lorsqu'ils sont placés dans des circonstances qui ne contrarient point la marche de la cristallisation, et on la désigne par les dénominations françaises
de *globuleuse*, d'*ovoïde*, de *lenticu-
laire*, de *bacillaire*, d'*aciculaire* et
d'*arborisée*, selon que les minéraux
présentent la forme d'une *boule*, d'un
œuf, d'une *lentille*, d'une *baguette*,
d'une *aiguille* ou d'une *branche d'arbre*.

AMÉDÉE. — Ah! je comprends. Ainsi,
en voyant une cristallisation.... arborisée, par exemple, on peut dire :
C'est tel minéral!.... Que je suis donc
content d'apprendre tout cela! Et toi,
Cécile?

CÉCILE. — Moi aussi. Mais je vou-

drais bien entendre mon père nous raconter des histoires de mines et de mineurs.

M. Derville. — Et ni l'un ni l'autre n'éprouve la moindre curiosité de
jeter au moins un coup d'œil sur la
surface du globe que nous habitons?
Ni l'un ni l'autre ne songe à demander
comment se sont formées ces couches
horizontales pour la plupart, et quelques-
unes perpendiculaires, que nous montrent ou le flanc des montagnes coupées
à pic, ou les carrières ouvertes par la
main de l'homme, et dans lesquelles il
va chercher de la pierre et du marbre
pour construire ses palais !

Amédée. — Mais c'est de la géologie,
cela, mon père !

Cécile. — Et la géologie n'est pas

amusante ; Hortense me l'a bien dit, elle que son père oblige de l'apprendre.

M. DERVILLE. — Mon fils, donne-moi ce volume de Buffon que voilà là-bas sur la table. Je veux vous lire quelques passages de *la théorie de la terre*. Écoutez avec attention ; je permets les observations.

« Ce globe immense nous offre, à sa surface, des hauteurs, des profondeurs, des plaines, des mers, des marais, des fleuves, des cavernes, des gouffres, des volcans, et, à la première inspection, nous ne découvrons en tout cela aucune régularité, aucun ordre. »

CÉCILE. — C'est comme la multitude des animaux et des plantes au premier coup d'œil ; et puis après....

AMÉDÉE. — Tais-toi donc, ma sœur !

M. DERVILLE, *continuant sa lecture* : « Si nous pénétrons dans son intérieur, nous y trouvons des métaux, des minéraux, des pierres, des bitumes, des sables, des terres, des eaux et des matières de toute espèce, placées comme au hasard, et sans aucune règle apparente. En examinant avec plus d'attention, nous voyons des montagnes affaissées, des rochers fendus, des contrées englouties, des îles nouvelles, des terrains submergés, des cavernes comblées ; nous trouvons des matières pesantes, souvent posées sur des matières légères : des corps durs environnés de substances molles ; des choses sèches, humides, chaudes, froides, solides, friables, toutes mêlées, et dans une espèce de confusion qui ne nous présente d'autre image que celle d'un amas de débris et d'un monde en ruines. »

AMÉDÉE. — Tire-toi de là, Cécile, sans le secours de la science!

CÉCILE. — Oh! je sais bien que la science est nécessaire, et que si elle n'est pas positivement amusante, elle n'est pas ennuyeuse non plus.... Tout au contraire.

AMÉDÉE. — Alors elle est donc amusante autant qu'utile? C'est ce que je ne cesse de te dire.

M. DERVILLE, *continuant sa lecture.* « La première chose qui se présente, c'est l'immense quantité d'eau qui couvre la plus grande partie du globe : ces eaux occupent toujours les

parties les plus basses ; elles sont toujours de niveau, et elles tendent per-
pétuellement à l'équilibre et au repos. »

AMÉDÉE. — Comme c'est clair, Cécile !

CÉCILE. — Oui ; mais les tempêtes,
qui les empêchent de rester en repos !

AMÉDÉE. — Tu sais bien que les tempêtes servent à quelque chose, dans le
règne animal et dans le règne végétal ;
bien certainement, elles doivent servir
aussi à quelque chose dans le règne
minéral : n'est-ce pas, mon père ?

M. DERVILLE. — Ecoutez, et vous le
saurez. Je continue : « Cependant, nous
les voyons agitées (les eaux) par une
forte puissance qui, s'opposant à leur
tranquillité, les soulève et les abaisse,

en les remuant, jusqu'à la plus grande profondeur. »

MADAME DERVILLE. — Cela fait image ! Il semble que, devant soi, s'élancent les vagues des gouffres de l'Océan, roulant, dans leurs vastes replis, les habitants des antres les plus profonds, et exposant, au grand jour et à leur cime, les ondes souterraines, pour ainsi dire, qui viennent, en bouillonnant, se transformer en écume, au milieu des vents déchaînés, et aux clartés lugubres des éclairs.

CÉCILE. — Oui, c'est vrai !

M. DERVILLE, *continuant sa lecture* : « On les voit se porter quelquefois constamment dans la même direction, quelquefois rétrograder, et ne jamais, pourtant, excéder leurs limites. »

AMÉDÉE. — Encore une chose bien remarquable et bien admirable!

M. DERVILLE, *continuant* : « Là, sont ces contrées orageuses, où les vents en fureur précipitent la tempête ; ici, sont des mouvements intestins, des bouillonnements, des agitations extraordinaires, causés par des volcans, dont la bouche submergée vomit, jusqu'aux nues, une épaisse vapeur mêlée d'eau, de soufre et de bitume. Au loin, j'aperçois ces vastes plaines, toujours calmes et tranquilles, mais tout aussi dangereuses, où les vents n'ont jamais exercé leur empire, où l'art du nautonnier devient inutile, où il faut rester et périr ; enfin, portant les yeux jusqu'aux extrémités du globe, je vois ces glaces énormes qui se détachent de la terre, et viennent, comme des montagnes flottantes, voyager et fondre dans les régions tempérées. »

Amédée. — J'espère que voilà un tableau qui est fait de main de maître !

M. Derville, *continuant* : « Considérant ensuite le fond de la mer, on y remarque autant d'inégalités que sur la surface de la terre. »

Cécile. — Est-il possible !

M. Derville, *continuant* : « On y trouve des hauteurs, des vallées, des plaines, des profondeurs, des rochers, des terrains de toute espèce ; on voit que toutes les îles ne sont que les sommets des vastes montagnes qui sont presque à fleur d'eau, et dont le pied et les racines sont couverts de l'élément humide.

» Voilà les principaux objets que nous offre le vaste empire de la mer ; des millions d'habitants de différentes espéces en peuplent l'étendue ; les uns , couverts d'écailles légères, en traversent avec rapidité les différents pays ; d'autres, chargés d'une épaisse coquille, se traînent pesamment, et marquent avec lenteur leur route sur le sable ; d'autres, à qui la nature a donné des nageoires en formes d'ailes, s'en servent pour s'élever et se soutenir dans les airs ; d'autres, enfin, à qui tout mouvement a été refusé, croissent et vivent attachés aux rochers. »

CÉCILE. — Nous connaissons tout cela, Amédée !

AMÉDÉE. — Oui , grâce à la science et aux travaux de bien des savants !

M. DERVILLE *continuant.* — « Tous ils trouvent dans cet élément leur pâture ; le fond de la mer produit abondamment des plantes, des mousses et des végétations encore plus singulières ; partout il ressemble à la terre que nous habitons. »

CÉCILE. — Je ne dis pas non ; mais les plantes ! Elles doivent avoir des caractères différents.

MADAME DERVILLE. — A mon tour *je ne dis pas non* ; *mais* les organes principaux pour la circulation de la sève, l'absorption des sucs nourriciers, la respiration, enfin la production de la graine leur ont certainement été donnés, avec les modifications nécessitées par *le milieu* dans lequel elles devaient vivre.

CÉCILE. — J'espère que maman sait joliment parler science !

M. DERVILLE. — Votre mère vous montre, mes enfants, comment, soutenu par la volonté et en écoutant avec attention, on peut apprendre à tout âge. Je continue : « Voyageons maintenant sur la partie sèche du globe ; quelle différence prodigieuse entre les climats ! quelle variété de terrains ! quelle inégalité de niveau ! Mais observons exactement, et nous reconnaîtrons que les grandes chaînes de montagnes se trouvent plus voisines de l'équateur que des pôles ; que, dans l'ancien continent, elles s'étendent d'orient en occident beaucoup plus que du nord au sud, et que, dans le nouveau-monde, elles s'étendent, au contraire, du nord au sud, beaucoup plus que d'orient en occident. »

AMÉDÉE. — Ma sœur, il faudra prendre garde à cela sur nos cartes !

CÉCILE. — Oui, sûrement.

M. DERVILLE *continuant.* « Mais ce qu'il y a de remarquable, c'est que la forme des montagnes, et leur contour qui paraissent absolument irréguliers, ont cependant des directions suivies et correspondantes entre elles, en sorte que les angles saillants d'une montagne se trouvent toujours opposés aux angles rentrants de la montagne voisine, qui en est séparée par un vallon, ou par une profondeur. »

CÉCILE. — Par exemple, je ne comprends pas du tout cela !

AMÉDÉE. — C'est pourtant bien clair. Si tu déchires un morceau de papier, un morceau de pain, cela fait, le long de la déchirure, des inégalités ; ainsi d'un côté, il y aura comme des dents, et de l'autre côté des creux où ces dents rentreront si tu rapproches les deux morceaux...

CÉCILE. — Oh ! je comprends maintenant ! Cela veut dire que les montagnes ont été déchirées en deux, et que l'intervalle qui les sépare... ce sont les vallées, les gorges.

AMÉDÉE. — Tout justement, n'est-ce pas mon père ?

M. DERVILLE. — Je ne dirai pas *justement*, mais *à peu près*. Il est bien certain que de grands *déchirements* ont contribué, autant que la surabondance des eaux, à changer plus d'une fois la *croûte* de notre globe ; je dis la *croûte*, parce que vous savez que les plus hautes montagnes du monde connu sont, à l'étendue et à la grosseur du globe, ce que sont, à la grosseur d'une orange, les légères aspérités de son écorce. Ces déchirements ont eu plus d'une cause; mais l'une des principales, ce sont les feux souterrains. De nos jours encore, ils font sortir ici, du sein des eaux, une terre nouvelle; ailleurs, ils ouvrent des abîmes, engloutissent des villes entières, et séparent en plusieurs parties, par de profondes vallées, un terrain uni ou montagneux qui ne formait qu'un tout quelques siècles auparavant. Les avalanches, la surabondance des pluies, les torrents débordés concourent également à changer la surface de la terre; de là les deux systèmes des premiers géologues, les *neptuniens* et les *pluto-niens*, ou *vulcaniens*, qui ont occasionné des querelles si vives. Les neptuniens ne voulaient admettre que les transformations faites par l'eau, et les plutoniens ne voulaient reconnaître que les effets des feux souterrains. Aujourd'hui, on ne doute plus que ces deux causes principales réunies, ne concourent aussi puissamment, l'une que l'autre, aux changements intérieurs et extérieurs de la croûte du globe, de même qu'à la production des minéraux et des métaux.

AMÉDÉE. — Eh bien! Cécile, trouves-tu que la géologie soit une chose ennuyeuse?

CÉCILE. — Jusqu'à présent elle est amusante, au contraire.

M. DERVILLE *en riant.* — Jusqu'à présent! Cécile a peur de s'avancer trop. Continuons : « Examinant ensuite

les rivages de la mer, on trouve qu'elle
est ordinairement bornée par des rochers, des marbres et d'autres pierres
dures, ou bien par des terres et des
sables qu'elle a elle-même accumulés,
ou que les fleuves ont amenés; et on
remarque que les côtes voisines, qui ne
sont séparées que par un bras ou petit trajet de mer, sont composées des
mêmes matières, et que les lits de terre
sont les mêmes de l'un et de l'autre
côté. »

AMÉDÉE. — Vois-tu, ma sœur ! L'eau
fait ici, pour les terres qu'elle couvre
en les séparant, absolument la même
chose que les feux souterrains pour les
montagnes.

CÉCILE. — Oui, je vois, et tout cela
est bien curieux.

M. DERVILLE *continuant.* — « Quant
aux volcans, on remarque qu'ils se
trouvent tous dans les hautes montagnes, qu'il y en a en grand nombre dont
les feux sont entièrement éteints ; que
quelques-uns de ces volcans ont entre
eux des correspondances souterraines,
et que leurs explosions se font quelquefois en même temps. On aperçoit aussi
une correspondance semblable entre certains lacs et mers voisines ; ici, ce sont
des fleuves et des torrents qui se per-
dent tout à coup et paraissent se précipiter dans les entrailles de la terre ; là,
c'est une mer souterraine où se rendent
cent rivières qui y portent de toute part
une immense quantité d'eau, sans jamais augmenter ce lac immense qui
semble perdre, par l'évaporation ou par
des voies secrètes, tout ce qu'il reçoit
par ses bords. »

Madame Derville. — Ah! mes enfants, que de grandeur, que de puissance dans ces phénomènes de la nature !

Amédée. — Cela me fait un effet..., mais un effet! Mon Dieu, que les hommes sont petits, comparativement à tout cela !

M. Derville. — Mon enfant, ils sont bien grands, au contraire, par les facultés intellectuelles que Dieu leur a données, quand ils s'en servent pour observer et pour admirer ses œuvres. Maintenant écoutez ceci : « Enfin, entrant dans un plus grand détail, on voit que la première couche qui enveloppe le globe est partout d'une même substance ; que cette substance, qui sert à faire croître et à nourrir les végétaux et les animaux, n'est elle-même qu'un composé de parties animales et végétales détruites, ou plutôt réduites en petites parties. Pénétrant plus avant, on trouve la vraie terre ; on voit des couches de sable, de pierre à chaux, d'argile, de coquillages, de marbre, de gravier, de craie, de plâtre, et l'on remarque que ces couches sont toujours posées parallèlement les unes sur les autres, et que chaque couche a la même épaisseur dans toute son étendue ; on voit que, dans les collines voisines, les mêmes matières sont au même niveau, quoique les collines soient séparées par des intervalles profonds et considérables. »

Cécile — Ce qui prouve qu'autrefois elles ne faisaient qu'un.

Amédée. — Cela me rappelle aussi

les zones pour chaque espèce de plantes ; tu t'en souviens, Cécile ?

CÉCILE. — Oui, oui.

M. DERVILLE *continuant.* « On observe que, dans tous les lits de terre, et même dans les couches plus solides, comme dans les rochers, dans les carrières de marbre et de pierre, il y a des fentes ; que ces fentes sont perpendiculaires à l'horizon, et que, dans les plus grandes, comme dans les plus petites profondeurs, c'est une espèce de règle que la nature suit constamment. »

AMÉDÉE. — Oui, toujours des lois générales, comme dit mon père !

M. DERVILLE *continuant.* « On voit, de plus, que, dans l'intérieur de la terre, sur la cime des monts et dans les lieux les plus éloignés de la mer, on trouve des coquilles, des squelettes de poissons de mer et des plantes marines, qui sont entièrement semblables aux coquilles, aux poissons et aux plantes actuellement vivant dans la mer. » Depuis que ceci a été écrit, dit M. Derville en interrompant sa lecture, des découvertes récentes ont montré des ossements d'animaux gigantesques et de végétaux dont les espèces paraissent être perdues. Je dis *paraissent être perdues*, parce qu'il est possible que quelque jour ces espèces se retrouvent, quoique les savants aient prouvé que ces animaux antédiluviens ne peuvent plus exister sur le globe dans l'état où il est actuellement. Quand il s'agit de découvertes faites ou à faire, l'homme qui réfléchit se garde bien de rien affirmer; il répète avec Montaigne ce mot célèbre :

Que sais-je? Je continue : « On remarque que ces coquilles pétrifiées sont en
prodigieuse quantité, qu'on en trouve
dans une infinité d'endroits, qu'elles
sont renfermées dans l'intérieur des roches et des autres masses de marbre
et de pierres dures, aussi bien que dans
les terres et que non-seulement elles
sont renfermées dans toutes ces matières, mais qu'elles y sont incorporées,
pétrifiées et remplies de la substance
même qui les environne. » Voilà, mes
enfants, ce que Buffon, dans son style
admirable de concision et de clarté, nous
apprend de la surface du globe que nous
habitons. Maintenant je vais vous prouver, par le récit de quelques faits avé-
rés, comment l'aspect d'un pays d'une
contrée, ou seulement d'une de ses parties, peut se trouver subitement changé,
sans que pour cela se renouvellent tou-

jours et le déluge, et les irruptions de volcans.

CÉCILE. — Que je suis contente ! Mon père va nous raconter des histoires !

AMÉDÉE. — Mais les minéraux, les métaux...

CÉCILE. — Sois tranquille ; nous y reviendrons, n'est-ce pas, mon père ? D'ailleurs c'est toujours du règne minéral qu'il s'agit.

— « Je voudrais, dit M. Derville, trouver dans Cécile autant de désir vrai d'acquérir une instruction solide, que j'en vois dans Amédée. »

Avec un peu de confusion, Cécile baissa la tête sur son ouvrage.

CHAPITRE II.

L'air atmosphérique. — Les gaz. — Les volcans.
— Les tempêtes. — Les tremblements de terre.
—Changements sur la surface du globe.

—

— « Avant de raconter des *histoires*, dit M. Derville, je dois donner, en faveur d'Amédée, quelques détails assez curieux pour intéresser même les personnes qui aiment le moins la science. Jusqu'à ce jour aucun de vous, mes enfants, ne s'est inquiété de savoir à quel règne dans l'histoire naturelle, appartient l'air que nous respirons, l'atmosphère qui nous entoure. L'un de vous a-t-il eu des idées là-dessus?

AMÉDÉE. — J'avoue, mon père, que je n'y ai pas songé. Et toi Cécile ?

CÉCILE. — Moi non plus.

MADAME DERVILLE. — J'y ai bien songé moi, quelquefois ; mais je me suis laissée entraîner par la préoccupation des objets que, tour à tour, mon ami, tu présentais à nos regards.

M. DERVILLE. — Eh bien ! l'air que nous respirons, et tous les gaz, de quelque nature qu'ils puissent être, appartiennent au règne minéral.

CÉCILE. — Je ne comprends pas du tout cela, car, enfin, rien n'est léger comme l'air. Qu'en dis-tu, Amédée ?

AMÉDÉE. — Je ne comprends pas non plus.

M. Derville. — Du moment que vous aurez pris une idée distincte de ce qu'on appelle en général les minéraux, vous comprendrez que l'air, les gaz, doivent être nécessairement rangés dans le règne minéral. On appelle minéraux, les corps bruts, *inorganiques*, qui font partie de l'enveloppe du globe terrestre ; et l'on entend par *inorganiques* les corps auxquels manquent tous les organes que nous avons reconnus dans les animaux et dans les végétaux, pour la nutrition, le développement, la reproduction chez chaque espèce.

Amédée. — A la bonne heure ! Certainement l'air fait partie de l'enveloppe du globe, et ce n'est pas un corps *organisé*, j'espère !

Cécile. — Mais il est si léger, et les minéraux sont si lourds !

M. Derville. — Tous ne le sont pas, surtout au même degré. Un autre caractère encore bien prononcé, distingue les corps inorganiques ; c'est qu'ils ne sont autre chose qu'une simple agrégation de particules semblables dont la réunion plus ou moins nombreuse, forme des masses plus ou moins considérables, mais dont une seule particule est un tout complet. Ainsi, par exemple, un grain d'or, d'argent, de sable, de poussière, de pierre, de fer, est aussi complet, comme minéral ou corps inorganique, qu'un lingot d'or, d'argent, que des masses de sable, de poussière, qu'une pierre de taille, qu'un lingot de fer ; de même la plus petite quantité d'air imaginable est aussi complète que la masse d'air qui enveloppe le globe entier.

AMÉDÉE. — Oh! quel bonheur de comprendre des choses comme celles-là! N'est-ce pas, Cécile?

CÉCILE. — Oui, assurément!

M. DERVILLE. — Quant à la *pesanteur* de l'air, elle est prouvée; mais elle varie suivant les hauteurs, suivant les vents, suivant les vapeurs dont il est chargé; ceci est encore *prouvé* et devient *visible* par le secours du baromètre et du thermomètre, dont je vous parlerai avec détail quelque jour. Remarquons, en passant, qu'il ne faut point dire indifféremment *air atmosphérique* et *atmosphère*. L'air atmosphérique s'élève à une hauteur inconnue; l'atmosphère paraît ne s'étendre autour de nous qu'à quinze ou seize lieues. L'air atmosphérique *pur* se compose d'oxygène, d'hydrogène, de gaz azote, et d'un millième de gaz acide carbonique. Mais sa pureté se trouve plus ou moins altérée par la quantité de gaz acide carbonique qu'exhalent les corps organiques, c'est-à-dire, les animaux, les plantes qui respirent l'air atmosphérique, s'emparent de l'oxigène qu'il contient, et l'expirent chargé d'acide carbonique.

AMÉDÉE. — Oui, oui, je m'en souviens. Tu sais, Cécile, le feuillage et les fleurs ?

CÉCILE. — Oui, je m'en souviens aussi.

M. DERVILLE. — Un autre gaz encore contribue à vicier l'air ; c'est le gaz ammoniaque produit par les substances animales en putréfaction ; enfin les vapeurs de l'eau, plus ou moins abon-

dantes, le chargent d'humidité et lui
otent de sa transparence.

« Eh bien ! mes enfants, on trouve
dans les minéraux, l'oxigène, l'hydrogène, l'eau, l'azote, l'air, l'acide carbonique, et beaucoup d'autres gaz que la
chimie a fait découvrir ; ils y existent
soit à l'état gazeux, soit à l'état liquide,
soit à l'état solide. Aussi long-temps que
le *grand chimiste*, appelé *nature*, n'allume pas ses fourneaux, les *gazolythes*,
tels que le soufre et le bitume, gissent
ou coulent en paix dans les entrailles de
la terre ; les *leucolythes*, tels que l'alun,
la lazulite ou pierre d'azur, ne se fon-
dent pas dans les alcalis, dans les acides
produits des opérations du *grand chimiste ;* enfin les *chroïcolythes,* tels que
l'or, le fer, le cuivre, ne se montrent
point à la surface du sol. Mais que les

feux souterrains s'allument, les gaz se dégagent, s'enflamment, détonnent, déchirent la croûte du globe, s'élancent en tourbillons dans l'air atmosphérique; minéraux et métaux en fusion lancés à une grande hauteur, retombent en pluie de feu, en laves bouillonnantes; l'air atmosphérique soudainement déplacé et surchargé d'hydrogène ou gaz inflammable, s'échauffe, monte à son tour; dans les vides qu'il laisse arrive avec furie l'air glacé des pôles; et des trombes de vents, des trombes de sable, bouleversent la terre, renversent les forêts, tandis qu'ailleurs le sol s'ouvre et engloutit des villes; tandis que sur les mers, les vagues soulevées forment des montagnes, des trombes d'eau qui engloutissent des flottes entières. Suivant l'état de l'atmosphère, lorsque s'élèvent ainsi les tempêtes, pas une goutte de pluie ne tombe en certaines contrées que brûle et dessèche l'ouragan, tandis qu'ailleurs, les cataractes du ciel semblent s'ouvrir et les habitants se croient menacés d'un nouveau déluge.

— « Ah! mon Dieu! dit Cécile, en appuyant les deux mains sur son cœur qui battait plus vite que de coutume.

AMÉDÉE. — Mon père avait raison de le dire; tout cela est bien curieux et bien beau.

CÉCILE. — Beau! c'est effrayant!

MADAME DERVILLE. — Peut-être; mais, je dis comme ton frère: c'est bien beau! Il y a là-dedans un *grandiose* qui fait naître l'admiration.

AMÉDÉE. — Ensuite, ma sœur, re-

marque une chose, c'est que les minéraux sont divisés en trois grandes classes ; les *gazéolythes*, les *leucolythes*,
les *chroïcolythes*.

CÉCILE. — Je ne sais pas comment
tu fais pour te souvenir de ces mots si
difficiles.

AMÉDÉE. — Je les écris à mesure que
mon père me les dit.

CÉCILE. — Oui, mais savoir si l'orto-
graphe s'y trouve !

AMÉDÉE. — Je m'en assurerai en
cherchant dans mon dictionnaire qui me
donnera, en outre, les étymologies grec-
ques, et par conséquent la signification
bien claire du mot entier, et je te la dirai.

MADAME DERVILLE. — Si, d'un côté,

je remarque que Cécile semble prendre plaisir à créer pour elle et pour les autres mille et mille difficultés dès qu'il s'agit d'études sérieuses, d'un autre côté je remarque que la science a conduit l'homme à reconnaître que tout se lie dans l'univers; à découvrir les causes de la plupart des grandes crises qui changent presque journellement l'aspect de l'*écorce* du globe, et à expliquer d'une manière fort claire aussi les causes premières des révolutions si brusques qui ont lieu dans l'atmosphère; et ceci, ce me semble, est digne de considération et mérite qu'on prenne du moins quelque peine pour arriver à comprendre la supériorité que nous assure cet emploi des facultés de l'intelligence.

— « Oui, maman, je le sens bien, dit

Cécile toute honteuse de donner lieu, par son étourderie, de la soupçonner presqu'à chaque instant de paresse d'esprit ou de mauvaise volonté. Je te promets d'étudier *sérieusement* avec Amédée.

M. DERVILLE. — Maintenant, mes enfants, que nous avons *entrevu* comment, dans le sein de la terre, se préparent les révolutions physiques qui bouleversent la surface du globe, je vais vous présenter un aperçu de quelques-unes de ces révolutions dans un siècle où elles furent mutipliées et presque générales, le quatorzième siècle ; ensuite je vous donnerai quelques exemples puisés dans le dix-huitième siècle, des changements partiels dont la cause première fut probablement la même, quoique, en

apparence, ils en soient tout-à-fait in-
dépendants.

« Dans l'année 1333 commencèrent
en Chine les scènes de désolation qui ne
devaient se répéter dans toute l'Europe
que *quinze ans* plus tard. Oui, mes enfants, quinze années s'écoulèrent avant
que l'Europe se ressentit des fléaux qu'on
vit fondre si rapidement et si constamment sur l'Asie pendant l'espace de
quatorze ans. Deux rivières, qui fertili-
saient une contrée populeuse, se dessé-
chant, la peste se déclara, et des milliers
de malheureux périrent ; ailleurs des
torrents de pluie grossirent bientôt les
fleuves, les rivières : dans l'inondation
qui suivit périrent plus de cent mille
personnes ; une montagne s'écroula, et
en plusieurs endroits la terre s'ouvrit.

3*

« L'année suivante, les mêmes fléaux se reproduisirent dans d'autres parties de l'empire chinois, et vers la fin de 1334 une autre montagne s'enfonça sous terre ; à sa place se forma un lac qui couvrit bientôt une étendue de près de cent lieues. Ce pays était très-peuplé ; le nombre des victimes fut immense. Comme si ce n'était pas assez de la famine et de la peste occasionnées, ici, par la sécheresse, ailleurs, par l'innondation, des armées de sauterelles vinrent mettre le comble à la désolation, et les annales chinoises portent à quatre millions d'individus, les malheureux qui succombèrent sous tant de maux réunis dans la province de Kiang.

CÉCILE. — Quatre millions ! ah ! mon Dieu !

M. DERVILLE. — A peu près à la même époque se fit sentir le premier tremblement de terre ; il dura six jours et causa d'effrayantes dévastations. Je dois ajouter qu'au moment où la sécheresse et l'inondation vinrent en 1333 dévaster plusieurs provinces de la Chine, l'Etna fit une violente irruption.

AMÉDÉE. — Vois-tu, Cécile ! Mon père nous l'a bien dit tout à l'heure ! Le *grand chimiste* avait allumé ses fourneaux.

CÉCILE. — Peux-tu plaisanter, mon frère, quand mon père raconte des choses si terribles !

AMÉDÉE. — Je ne plaisante pas ! Je dis ce qui est ; c'est parce que l'Etna commençait déjà à brûler que tous ces bouleversements avaient lieu.

CÉCILE. — Mais l'Etna est en Sicile !

—AMÉDÉE. — Sans doute, et la Chine est en Asie. Mais puisque l'air glacé du pôle accourt si vite pour se précipiter dans les vides laissés par l'air chaud qui a monté plus haut, je ne vois pas pourquoi le bouleversement qui venait d'avoir lieu dans l'air atmosphérique au dessus de la Sicile, ne se serait pas fait sentir tout aussitôt en Asie. D'ailleurs il s'y est fait sentir, c'est clair, c'est certain.... Tu vas voir bien autre chose vraiment !

CÉCILE. — Et quoi donc ? Tu sais donc l'histoire que mon père raconte.

AMÉDÉE. — Non, mais je me souviens de ce qu'a dit Buffon des chaînes de montagnes, des torrents souterrains, et je devine que les volcans se tiennent sous terre, comme par la main. N'est-ce pas, mon père?

M. DERVILLE. — L'expression est un peu triviale ; je te la passe pour cette fois seulement, parce qu'elle rend la pensée.

« Depuis trois ans la Chine était livrée à ces crises terribles, lorsqu'en 1336 parurent, dans le nord de la France, beaucoup de météores, et l'hiver fut remarquable par de violents orages ; en même temps des armées de sauterelles vinrent fondre sur la Franconie.

« La mer, qui jusqu'alors était demeurée renfermée dans ses limites naturelles, sortit deux fois de son lit, et, remplit d'épouvante, par sa furie, les habitants de Ventcheou et de Canton qui entendirent gronder sous terre le tonnerre.

CÉCILE. — Ah! mon Dieu! on dut croire que c'était la fin du monde!

M. DERVILLE. — En 1347 la Chine fut enfin délivrée de tant d'affreux fléaux, après quatorze années de souffrances de toutes les espèces, de famine et de peste. On porte à treize millions d'individus, le nombre des personnes qui périrent dans l'empire chinois par suite de ces désastres. Mais dès 1342 le tour de l'Égypte et de la Syrie était venu; au Caire, la peste moissonnait par jour de dix à quinze mille personnes.

CÉCILE. — Mais c'était pire que le choléra! D'où donc sortait-elle, cette peste?

Amédée. — De l'Etna apparemment.

Cécile. — Comment de l'Etna ?

Amédée. — Oui, sans doute, ma sœur. Tu sais bien qu'il y a une foule de gaz qui rendent l'air moins pur, ce qui veut dire malsain : et ces gaz sortaient de l'Etna avec les pierres, les flammes, et la cendre : et ils se répandaient partout au moyen des vents. Et puis, tant de millions de personnes mortes !... Songe donc un peu à la quantité de gaz ammoniaque qui s'échappait des villes, sans compter les sauterelles mortes aussi dans les champs ! Tu sais comment, lorsqu'elles meurent en grand nombre dans un pays, toute sorte de maladies contagieuses, pour les pays voisins, se déclarent ; et il n'y a pas si loin, pour les vents au moins, de la Chine en Egypte et en Syrie.

CÉCILE. — Mon père, est-ce que ce qu'Amédée dit là est raisonnable ?

M. DERVILLE. — Je t'en fais juge, ma fille. Tu as assez de bon sens pour sentir si les suppositions auxquelles il se livre offrent quelque vraisemblance.

CÉCILE. — Cela en a l'air au moins.

M. DERVILLE. — L'île de Chypre devait, à elle seule, présenter le spectacle de la dévastation la plus complète. L'histoire nous apprend qu'un *vent pestilentiel* commença par y répandre *des miasmes mortels.....*

CÉCILE. — Amédée a raison, je le vois bien à présent.

M. DERVILLE. — L'histoire nous apprend encore que le fléau, sévissant plus cruellement sur les maîtres que sur les esclaves, les maîtres craignirent que les esclaves ne profitassent de la circonstance pour se révolter et pour s'emparer de l'île ; on les mit à mort.

CÉCILE. — Ah ! mon Dieu !

MADAME DERVILLE. — Quelle atrocité !

M. DERVILLE. — Cet acte d'affreuse barbarie sauva seulement aux esclaves la vue des bouleversements qui transformèrent promptement en un monceau de ruines cette île de Chypre, peu de temps auparavant si florissante. Un tremblement de terre vint en ébranler les fondements, et il fut accompagné d'un ouragan si affreux, que rien ne put lui résister. La mer en furie se brisait contre les rochers, enlevait les vaisseaux jusque dans les ports, et ceux qui étaient venus

y chercher un refuge n'y trouvèrent que
la mort.

CÉCILE. — C'était bien fait! Dieu les
punissait d'avoir tué leurs pauvres esclaves.

M. DERVILLE. — Mon enfant, il ne
nous appartient pas de décider si ces
grandes crises, dans lesquelles tant d'in-
nocents périssent, sont ou non des châtiments infligés par une main divine.
Dieu a des châtiments pour les coupa-
bles, et ces châtiments, pour n'être pas
visibles à tous les yeux, n'en sont pas
moins terribles!

« En Europe, cependant, les inonda-
tions commençaient; elles étaient vio-
lentes, quoique les pluies ne fussent
point partout surabondantes; on voyait

l'eau jaillir des montagnes dans des lieux
où rien, précédemment, n'avait annoncé
l'existence de quelque source, et les lieux
arides et secs se trouvaient soudainement submergés. L'Italie, la première,
offrit le spectacle des plus grandes dévastations. L'ordre des saisons parut être
changé ; pendant quatre mois des torrents de pluie ne cessèrent de tomber,
et la famine répandit partout ses hor-
reurs. Ceci dura pendant les années 1346
et 1347 ; mais, le 25 janvier 1348, les
gens ignorants et superstitieux durent
croire que la fin du monde était, en effet,
arrivée ; car, un tremblement de terre,
comme jamais encore on n'en avait eu
d'exemple, se fit sentir à la fois dans la
Grèce, l'Italie, et les contrées voisines ;
des villes entières furent détruites de fond
en comble ; la surface du sol changea à ce
point, que les malheureux qui survécu-

rent cherchèrent vainement à reconnaître leurs pays natal.

CÉCILE. — Ah ! cela fait frissonner !

M. DERVILLE. — Un grand globe lumineux qui s'était montré au mois d'août précédent à Paris, et une colonne de feu qui avait paru à Avignon au mois de décembre, avaient été comme les sinistres messagers des catastrophes, des tremblements de terre qui bouleversèrent toute l'Europe pendant douze années de suite. Mézeray raconte, «qu'un tremblement de terre « universel, mesme en France, et aux » pays septentrionaux, renversoit les « villes tout entières, déracinoit des ar- « bres et les montagnes, et remplissoit « les campagnes d'abysmes si profondes,

« qu'il sembloit que l'enfer eust voulu
« engloutir le genre humain. »

« Dans le nord, ces commotions ef-
froyables, qui étaient venues du sud-est
de l'Orient, causèrent les plus terribles
ravages ; le Danemarck, la Norwége su-
bissaient, à leur tour, la loi générale ;
et, sur les côtes orientales du Groën-
land, s'attachaient et s'amoncelaient les
montagnes de glace qui les ont rendues
à jamais inabordables.

Amédée. — Entends-tu, Cécile ? Je
te le disais bien tout à l'heure !

M. Derville. — Cette épouvantable
tourmente souterraine abandonna l'Europe, pendant deux ans, pour dévaster
de nouveau l'Asie, et ce fut seulement
en 1349 et en 1351, que la Pologne,

l'Allemagne, la Russie eurent leur part de tant de maux. En ces temps-là, mes enfants, régnaient et la plus profonde ignorance, et la plus honteuse superstition; on croyait aux sorciers, à l'astrologie surtout; les médecins n'étaient pas plus instruits que le reste, et l'on cherchait dans les astres les causes de ces bouleversements qu'aujourd'hui il vous paraît si facile de reconnaître et d'expliquer; aussi, tout ce que le charlatanisme et tout ce qu'une crédulité aveugle peuvent ajouter d'épouvante et de malheurs imaginaires à des malheurs trop réels, achevait de mettre le comble aux misères publiques. Les uns, s'abandonnant au désespoir, négligeaient d'employer le peu de ressources qui restaient encore pour diminuer les maux de leur famille et les leurs; les autres, persuadés que la fin du monde approchait,

voulaient jouir, jusqu'au dernier instant, de tout ce que l'or peut procurer,
même au sein de villes à moitié détruites et décimées par la peste ; et , au
rapport des historiens les plus dignes
de foi, les routes étaient couvertes de
jongleurs, de bateleurs, qui suivaient
ceux qu'on voyait fuir de la ville où ils
abandonnaient leurs amis, leurs parents, pour aller, dans les champs, se
livrer aux plaisirs de la table, et bra-
ver ou attendre la mort au milieu des
orgies, du bruit des verres, de la mu-
sique, et de tous les plaisirs dont on
pouvait s'aviser ; et, cependant, Mézerai
nous l'apprend : « Le menu peuple fouil-
« loit les racines et peloit les arbris-
« seaux, car la terre produisoit à peine
« de l'herbe. »

MADAME DERVILLE. — Le cœur se

gonfle en voyant, d'un côté, tant d'impudeur, et, de l'autre, tant de misère !

M. DERVILLE. — Je passerai sous silence, mes enfants, les maux qui affligèrent l'espèce humaine sur toute la surface du globe, pendant l'espace de ces douze années ; après que les secousses du sol eurent cessé de se faire sentir, la peste se montra de nouveau plus inévitable, plus terrible : c'était ce qu'on appela en France, à cette époque, la *peste noire*. Et croirez-vous que les hommes qui, en des circonstances si horribles, auraient dû se prêter un mutuel appui, ajoutèrent, à tant de désastres et de souffrances, les cruautés de la guerre? Guerre de fanatisme ! Les Juifs, accusés d'avoir attiré sur la terre le courroux du Ciel, étaient partout poursuivis, partout attaqués, torturés, et des chrétiens prétendaient, en les immolant, apaiser le courroux d'un Dieu, dont la religion est tout amour !

« La fin de tant de malheurs, et non la fin du monde, arriva en l'année 1360. La chronique Limbourg nous prouve, en peu de mots, combien fut faible, sur les survivants, l'impression de spectacles si terribles, en disant : « Après « que la mortalité, les processions des « flagellants, les pèlerinages à Rome, « et les batailles contre les Juifs eurent « cessé, le monde recommença à respi- « rer et à se réjouir, et les hommes se « firent faire des habits neufs. »

CÉCILE. — Entends-tu, Amédée !

AMÉDÉE. — Oh ! les femmes ne furent pas des dernières à s'en faire faire aussi !

Madame Derville. — Je suis fâchée de voir, mes enfants, que l'impression pénible produite par le récit de votre père, ne soit pas, chez vous, de plus longue durée !

Cécile. — Maman, c'est que cette chronique Limbourg est si drôle !

M. Derville. — La leçon qu'elle présente est, peut-être, au-dessus de votre âge, mes enfants ; vous la comprendrez plus tard. Le tableau abrégé que je viens de tracer, de quelques-unes des révolutions physiques subies par le globe, peut, du moins, servir à vous montrer, dès à présent, comment les eaux douces ont pu couvrir, jadis, des pays parfaitement secs, et comment des lits de rivières, de fleuves, de lacs, ont pu se dessécher. Si vous comprenez

que les eaux salées ont, de même,
couvert certaines parties de la terre-
ferme, et en ont abandonné d'autres,
vous aurez une idée nette de la théorie
géologique des Neptuniens ; mais ces
révolutions, vous le voyez, ont eu, pour
cause première, les feux souterrains,
source de la théorie géologique des Plutoniens ; ainsi, l'eau et le feu, ou, si vous
l'aimez mieux, le feu et l'eau, ont également contribué à changer la surface
du globe, à mettre au jour les différentes couches dont cette surface se compose ; à en former d'autres ; et, quoique
les savants ne soient pas encore parfaitement d'accord sur tous les points
de la géologie, le simple bon sens et la
réflexion suffisent pour nous faire entrevoir comment ce qui formait jadis le
fond des mers, a pu devenir terre ferme,
et comment des bancs entiers de co-

quillages peuvent exister dans les contrées du continent, aujourd'hui les plus éloignées des côtes. De nos jours, on a eu des exemples de changements partiels, et bien extraordinaires, dans la superficie du sol ; ainsi, en 1737, une partie de la montagne de Perrier, près d'Issoire, dans le département du Puy-de-Dôme, sur laquelle était bâti le village de Pardines, glissa jusqu'à sa base, en entraînant avec fracas les arbres, les maisons : un champ de vigne et un édifice furent transportés sans éprouver aucun accident.

CÉCILE. — Ah ! que je n'aimerais pas cette manière de voyager !

M. DERVILLE. — Dans l'état de Venise, une partie du Mont-Goïma descendit pendant la nuit de la même manière dans la vallée voisine, et à leur réveil les habitants furent bien surpris de se trouver sains et saufs, avec leurs habitations, au pied du mont du haut duquel ils dominaient la veille presque toute la contrée. En 1772, sur le territoire de Trévise, la montagne de Piz se fendit en deux. Une des deux parties renversa et couvrit trois villages avec leurs habitants ; un ruisseau, arrêté par les décombres, forma en trois mois un lac ; l'autre partie de la montagne finit par y tomber ; le lac déborda, et plusieurs villages furent submergés. En 1835 eut lieu la chute de l'une des plus belles cimes des montagnes qui avoisinent le Mont-Blanc. La *Dent-du-Midi* s'écroula, tomba sur un glacier, le rompit ; les eaux accumulées au-dessous n'étant plus retenues, se précipitèrent sur une longueur de quatre à cinq lieues jusqu'aux bords du Rhône ; une demi-heure suffit au torrent fougueux pour parcourir cette route sur laquelle ne se trouvaient heureusement que deux maisons. L'une, fut complétement engloutie : on aperçoit encore le toit de celle qui était située près des bords du fleuve.

CÉCILE. — Mais, en vérité, on n'est en sûreté nulle part !

M. DERVILLE. — L'action du temps est lente, mais elle est sûre autant qu'inévitable. Déjà deux fois, depuis 1835, des rochers se sont encore détachés de la *Dent-du-Midi* et ont occasionné de nouveaux désastres.... Qui peut nous dire qu'un jour les pays de montagnes ne seront pas un pays de plaines, et que des prés verdoyants n'occuperont pas la place où s'élèvent aujourd'hui jusqu'aux cieux des neiges et des glaces éternelles !... Mes enfants, nous nous arrêterons là pour ce soir. J'ai offert à votre esprit de quoi développer en vous des idées élevées : puissent quelques-unes au moins fructifier et vous amener à concevoir d'une manière large et digne la composition non-seulement du globe terrestre, mais de l'univers entier ! »

CHAPITRE III.

L'eau. — Le feu. — Sources. — Fontaines naturelles. — Eaux froides bouillonnantes. —
Eaux thermales. — Eaux froides inflammables.
— Sources de gaz inflammable. — Sources de
bitume. — Puits artésiens.

Le lendemain encore, Cécile était bien
honteuse de s'être mise dans le cas de re-
cevoir de nouvelles leçons sur son étourderie et sur le peu d'attrait qu'elle montrait pour tout ce qui présentait une apparence sérieuse. Pendant longtemps elle
avait pu se croire supérieure à Amédée,
parce qu'elle était souvent heureuse en
saillies spirituelles ou gaies; mais depuis que M. Derville s'entretenait avec
eux d'histoire naturelle, elle se sentait

inférieure à son frère. Amédée avait l'esprit plus lent ; il comprenait plus difficilement, mais il se donnait la peine de chercher à comprendre ; tandis que Cécile, qui saisissait avec facilité certaines choses, se rebutait dès qu'il fallait recourir à la réflexion et s'appesantir sur les objets absolument nouveaux dont elle entendait parler.

En se levant, elle se mit à examiner les notes prises par son frère la veille au soir et qu'il lui avait complaisamment prêtées ; tout-à-coup elle s'écria : « Mais l'eau ! mon père ne nous en a point parlé. A quel règne peut appartenir l'eau !... Si je pouvais le deviner ! » Elle relut et relut les notes d'Amédée, puis elle s'occupa de les copier en y ajoutant d'autres notes sur ce dont elle se rappelait et que son frère avait omis, et toute la journée elle réfléchit très-sérieusement sur *la nature* de l'eau qu'elle voulait arriver à classer toute seule dans l'un des trois règnes.

Le soir, Cécile avait un certain air de triomphe qui fit sourire M. et madame Derville, tandis qu'Amédée, qu'elle avait mis dans le secret de sa découverte, la regardait avec l'expression d'une satisfaction vraie.

— « Mon père, dit Cécile, tu as oublié de nous dire à quel règne appartient l'eau ; mais moi je l'ai trouvé.

— « J'en suis charmé, ma fille, répondit M. Derville. Et bien, faisnous le plaisir de le dire, mais en nous expliquant *pourquoi* tu places l'eau dans tel ou tel des trois règnes.

CÉCILE. — Mon père, j'ai bien examiné l'eau, et j'ai vu qu'elle a tous les
caractères des minéraux.

M. DERVILLE. — Alors, à ton avis,
elle appartient au règne minéral?

Cette question étant faite d'un ton de
doute, Cécile qui, jusqu'alors, s'était
crue bien sûre de son fait, regarda son
père avec inquiétude et dit : Je n'en
suis pas absolument certaine à présent.

M. DERVILLE. — Pourquoi donc, ma
fille?

CÉCILE. — Mon père, parce que tu as
l'air de penser.... que peut-être...... enfin je ne sais plus comment la classer.

M. DERVILLE. — L'*air* que je peux
avoir ne fait rien à l'*affaire*, si tu t'es

assurée par l'observation et par la réflexion que l'eau possède *les caractères* des minéraux. Dis-nous-les ces caractères, et nous verrons bien si tu as rencontré juste.

CÉCILE. — Eh! bien, mon père, l'eau n'est certainement pas un corps organisé..... et puis, quand il n'y en aurait qu'une goutte.... ce serait toujours de l'eau complète.

—« Embrasse-moi, mon enfant! » dit M. Derville.

Cécile, tout émue de joie, s'élança au cou de son père, puis dans les bras de sa mère; Amédée, au moins aussi joyeux que sa sœur, fut embrassé à son tour, et madame Derville leur dit : « Vos travaux, mes chers enfants, et le secours mutuel que vous vous prêtez, nous donnent un bonheur qui sera durable!

— « Et tu vois, ma fille, ajouta M. Derville, que les travaux de l'esprit peuvent procurer des jouissances bien vives. Aujourd'hui, le temps a passé pour toi plus rapidement que de coutume; ce soir tu recueilles le fruit des études de la journée.

CÉCILE. — Oui, mon père, je suis bien contente de ma journée et de ce que tu sois content de moi ce soir! Mais il y a encore une chose qui m'a embarrassée, c'est le feu. Est-ce qu'il appartient aussi aux minéraux?

M. DERVILLE.—Le feu, considéré jadis comme un élément, ne l'est plus aujourd'hui que comme un *phénomène ré-*

sultat du dégagement simultané de la lumière et de la chaleur. Vous êtes trop jeunes encore pour que je vous parle des expériences tentées dans le but de s'assurer de la nature propre du feu : il peut être produit par tous les corps des trois règnes de la nature, mais il n'appartient à aucun de ces règnes.

AMÉDÉE. — Oh! quand donc serai-je assez raisonnable pour que mon père ne dise plus que je suis trop jeune pour comprendre telle ou telle chose !

M. DERVILLE. — Cela viendra. L'année prochaine, si vous revenez souvent à vos cahiers, et si vous employez les facultés de l'entendement, comme Cécile l'a fait ce matin, à établir des rapports, à bien saisir les principaux caractères de ce qui fait l'objet de vos études, vous serez tout surpris de ce que déjà vous aurez acquis.

CÉCILE. — Mon père, il y a une chose que je voudrais bien savoir, dès à présent, et que tu peux me dire, puisque nous en sommes au règne minéral, et puisque l'eau en fait partie, c'est d'où viennent les fleuves et les rivières ?

AMÉDÉE. — Mais notre livre de géographie le dit !

CÉCILE. — Me voilà bien avancée, de savoir que les fleuves et les rivières sortent des montagnes et qu'à leur source ils ne sont pas plus considérables qu'un ruisseau. D'où viennent-elles ces sources ? C'est là la question que je voulais faire à mon père.

M. DERVILLE. — Voici ce que M. Ga-

briel Delafosse nous apprend au sujet
des sources : « Les eaux pluviales et
celles qui proviennent de la fonte des
neiges et des glaces des hautes montagnes, s'infiltrent, en partie, dans les
fissures du sol et à travers les terrains
meubles ou perméables, et elles descendent ainsi dans l'intérieur de la
terre, jusqu'à ce qu'elles rencontrent
des couches qui leur soient imperméables ; alors elles glissent dessus en suivant les sinuosités des fissures ou des
intervalles qui les séparent des couches
supérieures, et, après un trajet plus ou
moins long, elles viennent sortir à la
surface du sol sous la forme de sources. »

CÉCILE. — Je suis bien aise de savoir cela ; c'est clair dans ma tête à

présent. Mais, mon père, il y a des sources d'eau chaude ?

M. DERVILLE. — Et des sources d'eaux minérales de plusieurs espèces.

AMÉDÉE. — Et ces sources-là sont si chaudes qu'on peut y cuire des œufs. Nous l'avons lu l'hiver dernier dans je ne sais plus quel livre ; tu t'en souviens, ma sœur ?

CÉCILE. — Ah ! oui, je m'en souviens.

M. DERVILLE. — Rien de plus simple que l'explication de ce phénomène. Vous devez comprendre, mes enfants, que la température de l'eau de source, dépend nécessairement de celle des couches sur lesquelles elles séjourne ou passe, avant de sortir du sein de la terre. Plus on pénètre avant dans la terre, plus cette température est élevée ; on a donc lieu de présumer que les eaux thermales sortent d'une grande profondeur.

Amédée. — Ceci se comprend d'autant mieux que c'est aussi à une grande profondeur que le *grand chimiste* allume ses *fourneaux*.

Cécile. — Et les eaux minérales qui ont goût de fer... ou de toute autre chose, c'est qu'elles ont passé dans des mines de fer, n'est-ce pas, mon père ?

M. Derville. — Pas toujours, mon enfant. Il leur suffit de se charger, au passage, des gaz qui s'exhalent des lieux où sont ensevelis les métaux, pour prendre une saveur métallique Cependant on doit présumer que les eaux ferrugineuses filtrent à travers des terrains ferrugineux, et que là elles empruntent cette couleur rougeâtre qui est celle de l'oxide ou de la rouille du fer exposé aux deux actions de l'humidité et de l'air. M. Alexandre Brongniart a fait, d'ailleurs, sur les eaux thermales et sur les terrains d'où elles proviennent, un travail aussi savant que curieux ; nous lirons son ouvrage quelque jour.

AMÉDÉE. — Mon père, j'ai lu, il y a bien longtemps, des choses amusantes sur les fontaines naturelles dans un volume que j'aimais beaucoup, quand j'étais petit, parce qu'il s'y trouvait une quantité d'*images*. Je me rappelle qu'on y parlait de fontaines très-curieuses, dont les unes donnaient toujours de l'eau, et dont les autres n'en donnaient qu'à certaines époques, et alors il arrivait toujours quelque chose d'extraordinaire dans le pays.

M. DERVILLE. — Les fontaines naturelles présentent en effet des singularités faites pour piquer la curiosité. Les unes sont *uniformes*: c'est-à-dire que les sources qui les alimentent donnent constamment la même quantité d'eau ; les autres sont *périodiques*, et celles-ci se divisent en deux classes, les *intermittentes* et les *intercalaires*. Les *intermittentes* donnent de l'eau pendant une heure ou deux, puis sont à sec et recommencent, au bout de quelques heures, à donner de l'eau ; les *intercalaires* ne sont jamais complétement à sec ; seulement, à certaines heures, elles en fournissent moins, à d'autres heures, elles en fournissent davantage, mais toujours à des intervalles réguliers. Ainsi la source bruyante de *Bulleborne*, en Westphalie, est à sec deux fois par jour ; et la fontaine du *Boulidou*, dans le Languedoc, donne à peine de l'eau à certaines heures de la journée. Au nombre des fontaines *périodiques*, sont encore celles surnommées *maïales* parce que les sources ne commencent à couler que vers la fin de mai, lors de la fonte des neiges, et les fontaines *journalières* qui tarissent pendant la nuit.

AMÉDÉE. — Probablement parce que la nuit étant froide, les neiges cessent de fondre, et alors il n'y a plus d'eau, n'est-ce pas, mon père ?

M. DERVILLE. — Rien de plus vraisemblable, mon fils. Le mécanisme des fontaines périodiques, peut être expliqué d'une manière simple. Les collines renferment des cavités où se réunissent les eaux ; comme les fissures qui traversent et divisent, en différents sens, les couches de terre présentent des courbures qui leur donnent très-souvent la forme d'un siphon, il en résulte que les eaux pluviales ne coulent que lorsque, dans l'une des branches de ce siphon naturel, l'eau est parvenue à une certaine hauteur ; la fontaine demeure à sec, si cette hauteur n'est pas atteinte : la source coule, si elle est dépassée, et parfois l'eau arrive comme à flot.

CÉCILE. — Rien n'est plus simple certainement.

M. DERVILLE. — Dans les temps anciens, des idées superstitieuses étaient attachées aux fontaines en général et surtout aux fontaines intermittentes. Les Cantabres, entre autres, on nommait ainsi les habitants de la Galice, tremblaient lorsqu'ils venaient consulter les augures, de voir se dessécher sous leurs yeux les sources qui alimentent le Tamaricus, aujourd'hui nommé *Tamara*. Ce présage les glaçait de terreur ; mais lorsqu'à la voix du grand-prêtre l'eau reparaissait, l'espérance succédait à la douleur.

CÉCILE. — Mais, mon père, comment l'eau pouvait-elle revenir ainsi à la voix du grand-prêtre ?

M. DERVILLE. — Le grand-prêtre, mon enfant, ne faisait pas couler l'eau à sa volonté, tu dois le deviner ; il savait, par des registres soigneusement tenus, à quelle heure s'arrêtaient, à quelle heure coulaient les sources du Tamaricus ; et il ordonnait aux eaux de disparaître, ou bien il leur ordonnait de paraître, quand le moment était venu où ce *miracle* s'opérait *tout naturellement*.

CÉCILE. — Oh ! le menteur !

M. DERVILLE. — De nos jours encore, en Europe, on croit que la *Fontaine des Merveilles*, près de Haute-Combe, en Savoie, ne coule point en présence de certaines personnes ; dans le Languedoc, on consulte les fontaines pour savoir si l'on aura abondance ou disette ; et cette croyance, qui dégénère quelquefois en extravagance, a du moins pour fondement des observations justes. Par exemple, les sources qui sont alimentées par les eaux pluviales se dessèchent dès que ces eaux viennent à manquer ; il est donc facile de deviner, par l'état des fontaines, si la saison sera sèche ou pluvieuse, et d'en inférer qu'on aura l'abondance ou la disette, puisque l'eau est nécessaire au développement des plantes.

AMÉDÉE. — Mais, mon père, c'est quand la pluie tombe que ces fontaines coulent, alors....

M. DERVILLE. — Les eaux pluviales qui alimentent les sources, ne tombent pas toujours dans la contrée où ces sources coulent ; mais l'expérience a prouvé que l'abondance de celles-ci annonce des pluies prochaines pour le pays où elles sont *consultées* par les gens du peuple, sous la dénomination de *fontaines de famine.*

CÉCILE. — Et les fontaines de mai, mon père?

M. DERVILLE. — Le royaume de Cachemire en possède une qui ne donne de l'eau que dans le mois de mai uniquement, et encore cesse-t-elle de couler trois fois par jour, le matin, à midi et à l'entrée de la nuit. Une fois le mois de mai passé, les neiges cessant de fondre, elle demeure à sec tout le reste de l'année.

AMÉDÉE. — Ce qui est étonnant, c'est qu'elle cesse de couler à midi qui est l'heure la plus chaude de la journée, et, par conséquent, celle à laquelle les neiges doivent fondre plus vite.

M. DERVILLE. — Quand nous nous occuperons de physique et d'astronomie, vous verrez, mes enfants, comment et pourquoi l'heure de midi n'est pas et ne peut être l'heure la plus chaude de la journée. Quant à la suspension dans l'arrivée des eaux à ce qu'on appelle *la source,* rien de plus facile à comprendre ; ceci dépend tout ensemble et de la grandeur de la cavité dans laquelle les eaux de neige ou les eaux pluvieuses se réunissent, de la longueur du trajet que les eaux ont à faire pour y parvenir, et de la longueur de la branche du siphon dans laquelle elles doivent monter pour arriver à l'issue ouverte entre les rochers, ou dans le gazon.

CÉCILE. — C'est vrai, Amédée, en y réfléchissant !

MADAME DERVILLE. — J'ai entendu

parler, dans mon jeune temps, de fontaines dont l'eau bouillonnait toujours, quoique toujours elle fût très-froide.

M. DERVILLE. — Telle est la fontaine la *Ronde*, auprès de Pontarlier. La Ronde est du nombre des fontaines qui sont soumises au flux et au reflux qu'éprouvent les fleuves et les rivières à leur embouchure dans la mer. Le flux n'a pas plutôt commencé, qu'on entend une espèce de bouillonnement : aussitôt l'eau sort de tous les côtés ; elle est chargée de bulles d'air, et elle s'élève à la hauteur d'un pied environ. A l'heure du reflux, elle baisse insensiblement, et la source se tarit. Il est très-probable que quelques ouvertures, dans le voisinage des fissures par lesquelles les eaux arrivent ou passent, produisent des courants d'air très-vifs, et que cet air se mêlant à l'eau, y excite le bouillonnement qu'éprouve d'ordinaire l'eau parvenue au degré d'ébullition lorsque l'air qu'elle contient, fortement échauffé, se dégage. Une source froide et bouillonnante existe aussi en Italie, près de Velleia. Quand nous nous occuperons des mines, je vous parlerai, mes enfants, des sources d'eau salée, et du parti qu'on en tire dans les pays où manquent les mines de sel.

AMÉDÉE. — Mais, mon père, et les sources jaillissantes d'eau chaude, est-ce que tu ne nous en diras rien?

M. DERVILLE. — Nous parlerons auparavant, si vous *voulez bien le permettre*, d'autres sources d'eau froide non moins curieuses que les bouillonnantes. Non-seulement les eaux thermales s'imprègnent des gaz métalliques qui se dégagent des mines, mais elles se chargent aussi de naphte et de pétrole, matières inflammables, huileuses, qu'on voit couler en quelques contrées pures de tout mélange. Ces gaz dont s'imprègnent les eaux ne sont pas tous inflammables; mais il est certaines sources froides qui se trouvent tellement chargées de gaz de cette dernière espèce, qu'il suffit d'en approcher un papier allumé pour se procurer le plaisir de voir la source et le ruisseau qui s'en échappe se couvrir d'une flamme bleuâtre et légère, comme celle donnée par l'esprit de vin.

CÉCILE. — Y en a-t-il dans notre pays, mon père?

M. DERVILLE. — Jusqu'à présent, on ne cite que les sources qui alimentent le lac brûlant d'Islande, et celles de la Caroline, aux États-Unis. Ces dernières donnent en abondance l'hydrogène ou gaz inflammable ; il prend feu quelquefois de lui-même, et alors, dans les plaines, au pied des montagnes, il forme des illuminations naturelles sur la glace et la neige qui réfléchissent ses vives clartés.

CÉCILE. — Oh ! j'irais volontiers à la Caroline, rien que pour voir cette illumination-là !

M. DERVILLE. — Je t'engagerais à profiter de l'occasion pour faire un tour en Chine où l'on te montrera une autre merveille de ce genre, et plus *merveilleuse* encore s'il est possible ; c'est un puits qui donnait jadis de l'eau salée : il vint à tarir. On creusa jusqu'à trois

mille pieds de profondeur pour retrouver la source.... Tout à coup s'éleva une
énorme colonne d'air chargée de particules noirâtres, et qui s'élança hors de
l'orifice avec un bruit épouvantable.
C'était du gaz inflammable. Aujour-
d'hui, quatre puits de même nature fournissent aux habitants de la vallée d'Ca-
thong-Salmac, de la lumière, du feu
pour leurs maisons, pour leurs cuisi-
nes, de même que les sources d'air inflammables en fournissent aux États-
Unis. Ailleurs, ce sont des sources de
naphte et de bitume dont une petite
partie répandue sur l'eau d'un fleuve ou
de quelque ruisseau, et enflammée, les
transforme en ruisseau, ou bien en
fleuve de feu ; ce sont encore des sources de soufre, telles qu'on en voit dans
le gouvernement d'Orenbourg, en Russie, et qui déposent en abondance une

matière sulfureuse dont l'industrie humaine a su longtemps tirer parti. Dans un autre gouvernement du même empire, des sources sulfureuses alimentent un lac aux eaux pures et transparentes, qui laissent voir pour fonds des couches de soufre jaune et olivâtre : les ruisseaux que fournit le trop plein du lac, sont d'une blancheur si remarquable que, dans le pays, on ne les désigne que sous le nom de *Ruisseaux de Lait*.

CÉCILE. — Ceux qui prendraient ces mots à la lettre, et qui diraient que dans ce pays-là le lait coule en ruisseaux, feraient une méprise aussi forte que moi pour l'arbre à pain.

AMÉDÉE. — Ou que ce chirurgien hollandais pour le poison que donne l'Ipas-

Tieuté. Voilà comme il faut prendre bien garde à ce qu'on dit.

— « Et à ce qu'on lit! ajouta Cécile qui devinait la bonne intention de son frère. Il avait voulu effacer, par la citation d'une méprise bien étonnante et bien impardonnable, le souvenir de celle qu'elle avait faite au sujet du fruit de l'arbre à pain.

— « Un mot maintenant sur les sources bouillantes, dit M. Derville ; puis nous nous occuperons des grottes, des cavernes où le *grand chimiste*, dame nature, se montre si grand architecte et sculpteur si élégant, si habile.

Cécile.—Quel bonheur de passer ainsi en revue tant de merveilles !

Amédée. — Moi, j'aimerais mieux m'arrêter à chacune et l'examiner en détail, afin d'arriver à en connaître les causes ; mais nous y reviendrons, n'est-ce pas, mon père ?

M. Derville. — Oui, mon ami. L'année prochaine je vous trouverai préparés à me comprendre, et à vous occuper plus sérieusement d'objets sérieux.

« C'est en Islande, surtout, que l'on compte un grand nombre de sources bouillantes. On trouve auprès de Skall-hac, dans la longueur d'une demi-lieue, plus de cinquante fontaines de ce genre.

Amédée. — Alors, il faut aller en Islande les étudier.

M. Derville. — C'est ce que fit, en

1772, un célèbre naturaliste suédois,
M. de Troil. Quoique ces fontaines paraissent être alimentées par la même
source, les unes, cependant, donnent
une eau limpide ; les autres une eau
aussi rouge que du sang ; les autres une
eau trouble et blanche comme du lait.
Mais, de toutes ces sources bouillantes
et jaillissantes à la fois, la plus remarquable est le Geyser, qui se trouve placé
au milieu de toutes les autres. M. de
Troil passa, depuis six heures du matin jusqu'à sept heures du soir, en observation devant le Geyser. En cinq heures, il vit l'eau jaillir dix fois à la
hauteur de soixante pieds. Vers quatre
heures après-midi, un tremblement de
terre se fit sentir ; il fut accompagné
d'un bruit souterrain, semblable à celui que pourraient produire des coups
de canon se succédant sans intervalle:

un instant après, le jet d'eau s'éleva à quatre-vingt-dix pieds ; arrivée là, l'eau se divisa et jaillit en diverses directions. Les pierres que M. de Troil et ses compagnons jetaient dans l'ouverture de la fontaine, étaient lancées en l'air par le jet d'eau. Cette ouverture a la forme d'une grande coupe, du diamètre de cinquante-six pieds, et de la hauteur de neuf pieds au-dessus du sol ; le jet présente un diamètre d'à peu près dix-neuf pieds.

Amédée. — Voilà, j'espère, un beau jet d'eau !

M. Derville. — Les Islandais, gens alors très-superstitieux, et qui ont cessé de l'être depuis que l'instruction est répandue parmi eux, croyaient, en ce temps-là, que cette coupe était l'ouver-

ture de l'enfer, et aucun n'aurait passé
sans y cracher, en disant : *Uti fundens
mund , Dans la gueule du diable !*

CÉCILE , *en riant.* — Ainsi , ils
croyaient cracher dans la gueule du
diable ! les drôles de gens ! Mais comment n'avaient-ils pas peur que le Diable
les avalât, et de descendre en enfer
par son gosier. puisque c'était là *la
gueule ?*

M. DERVILLE. — Si les gens superstitieux réfléchissaient ou raisonnaient, il
n'y aurait plus de superstitions possibles.

AMÉDÉE. — Mon père, il m'est venu
une idée au sujet des fontaines jaillissantes ; c'est que ce sont des puit artésiens *naturels*

M. DERVILLE. — Cette idée, mon fils, est parfaitement juste.

CÉCILE. — Ah ! comment cela, mon père ? Je ne comprends pas.

M. DERVILLE. — Ton frère, en écoutant bien attentivement, a remarqué ce que j'ai dit des sources qui fournissent les fontaines jaillissantes. Ces sources viennent toujours des régions élevées ; leurs eaux se réunissent dans des cavités souterraines d'où elles ne peuvent s'échapper facilement ; il faut, comme je vous l'ai fait observer, mes enfants, que les eaux arrivent dans ces cavités à une certaine hauteur pour trouver une issue. Si cette issue est assez large pour laisser passer l'eau dans la proportion, à peu près, où celle-ci descend des sources, l'eau coule avec un léger mur-

mure occasionné par les obstacles que lui
présentent les anfructuosités des rochers;
si, au contraire, la source fournit surabondance, l'eau jaillit vivement par l'ouverture trop étroite, et plus les sources
sont élevées, plus l'eau jaillit avec une
force que double l'effet seul de son propre poids. Comprends-tu cela, ma fille?

CÉCILE. — Oui, mon père, je comprends très-bien cette fois.

M. DERVILLE. — Pour obtenir, par
artifice, ce que la nature produit en
quelques contrées, il fallait percer le
sol, arriver à une nappe d'eau man-
quant d'issue suffisante, et entourée
de couches imperméables qui la ren-
daient captive; c'est ce qu'on a exécuté
en Chine depuis bien des siècles; on y
connaît les puits forés, surnommés *ar*

tésiens en France, parce que c'est dans l'*Artois*, ou département du Pas-de-Calais, que les premières tentatives de ce genre ont été faites ; on les connaît aussi depuis plus d'un siècle dans la Basse-Autriche, et dans les environs de Bologne et de Modène. Avec la sonde, et par un travail difficile quelquefois, on parvient jusqu'à l'une de ces nappes d'eau qui ne peuvent remonter, faute d'issue, à la surface du sol. Si l'eau est surabondante, je le répète, elle jaillit : sinon elle coule doucement. Le travail du sondage fini, celui du *tubage* commence. Il faut consolider cette issue et empêcher que l'eau n'aille se perdre dans les couches de terrain-meuble, qu'on a traversées pour arriver jusqu'à elle. Quelques puits forés ont de deux à trois mille pieds de profondeur, et fournissent un jet continu sans différences sensibles dans la quantité d'eau qu'ils donnent ; d'autres, sont sujets à des intermittences qui s'expliquent aisément.

AMÉDÉE. — Oui, très-aisément. Cécile a l'air de ne pas comprendre encore cette fois ?

CÉCILE. — Attends..... si, si, je comprends ; cela dépend des sources d'où provient l'eau qu'on est allé chercher à deux où trois mille pieds de profondeur. Si ce sont les eaux de pluie qui la fournissent, ou les eaux de neige, les sources se dessèchent quand il ne pleut pas ou quand les neiges ont cessé de fondre. c'est cela, n'est-ce-pas, mon père ?

M. DERVILLE. — Oui, mon enfant.

Parfois on traverse deux couches d'eau
avant d'arriver à celle qui peut alimen-
ter le plus constamment le puits foré, et
il faut défendre également de ces deux
couches, comme des terrains meubles,
l'eau qu'on amène, de la source principale, à la surface du sol.

MADAME DERVILLE. — Je vois que le
forage d'un puits artésien, quoique moins
long peut-être et moins coûteux que
celui qu'exige un puits ordinaire, ne doit
pas cependant être toujours facile, et
qu'il exige bien des travaux.

M. DERVILLE. — Ce n'est qu'au prix
de travaux longs et pénibles, ma chère
amie, que l'homme parvient à reproduire, bien mesquinement, quelques-uns
des phénomènes gigantesques de la na-

ture ; mais du moins il est grand par l'intelligence à laquelle il doit d'en deviner, d'en *voir*, pour ainsi dire, le mécanisme.»

CHAPITRE IV.

Les terres. — Les sables. — Formation des pierres. — Les pierres précieuses — Formation des
marbres. — Grotte d'Antiparos. — Stalactites
et stalagmites. — Cavernes d'Adelsberg. —
Grotte de Fingal. — Le basalte.

—

—« Mon père, dit Amédée, après quelques instants de silence, je voudrais bien
savoir de quoi et comment sont composés les pierres et les marbres.

— Et moi, dit Madame Derville, je
voudrais bien connaître d'abord la composition de la terre et du sable; car je
m'imagine qu'ils doivent entrer pour
beaucoup dans celle de la pierre, du

marbre, et même des pierres précieuses.

CÉCILE. — Je croyais que mon père allait nous parler des grottes souterraines?

M. DERVILLE. — Les explications que ta mère et ton frère demandent, mon enfant, nous y conduiront tout naturellement. Elles seront brèves d'ailleurs, parce que ce n'est pas à présent que je m'arrêterai aux distinctions établies avec raison entre les différentes espèces de terres, de pierres, de sables, de marbre, de roches; j'en citerai seulement quelques-unes pour vous prouver l'utilité, la nécessité de ces distinctions. La terre, proprement dite, n'est qu'un assemblage de particules impalpables que l'humidité seule tient liées ensemble, mais qui, lorsqu'elles sont sèches, n'ont ni couleur, ni odeur, ni saveur.

CÉCILE. — Mais pourtant, mon père, la terre est brune, on sent une odeur de terre quand elle vient d'être béchée, et l'on dit souvent que les légumes ont goût de terre?

M. DERVILLE. — Je te répondrai simplement : la terre *mouillée* a de l'odeur, de la couleur et de la saveur; *sèche* elle ne présente plus rien de tout cela. Les particules dont elle se compose ont la propriété de se gonfler dans l'eau, de ne point s'y fondre, et de résister au feu. La terre, ainsi réduite à sa propre nature, ne produit pas; mêlée d'*humus*, c'est-à-dire, de débris de plantes et d'animaux sur lesquels l'air, l'eau, la chaleur, ont exercé leur action toute-puissante, elle devient terre *végétale* et d'autant plus fécond que les terres marneuses, argileuses, entrent en plus grande abondance dans sa composition; elle devient, au contraire, d'autant plus stérile, qu'elle contient davantage de terre calcaire, ou gypseuse, ou sablonneuse.

AMÉDÉE. — Je comprends maintenant pourquoi l'on marne les terres.

CÉCILE. — Mais on y mêle aussi du sable; l'autre jour le jardinier en parlait à maman.

M. DERVILLE. — Les terres fortes, surabondantes en humus et surtout en argile, ont besoin d'être divisées pour devenir productives; c'est à celles-là qu'on mêle du sable. Mais, vous devinerez, mes enfants, que toutes les *espèces* de sable ne peuvent être employées à ce mélange, quand vous saurez que ce sable provient de la destruction, par le temps, de roches et de pierres de différentes sortes. Le quartz, l'une des pierres les plus dures, ne donne point du sable pareil à celui que fournira une pierre argileuse et tendre, par exemple; de même que le sable ferrugineux qui entraîne avec lui des parcelles de fer et se couvre d'oxide ou de rouille de fer, n'a ni les mêmes caractères, ni les mêmes qualités que le sable aurifère que roulent les eaux aux environs des mines d'or. Venons aux pierres maintenant.

« L'action souvent lente, mais toujours certaine de l'air, de l'eau, de la chaleur qui amène la destruction des roches les plus dures comme celle des métaux, amène également aussi leur formation. Des substances terreuses, sablonneuses, successivement amoncelées par les eaux, forment les bases des corps durs généralement connus sous le nom vulgaire de *pierres*. D'après ce que je viens de vous dire, vous comprenez que, suivant la qualité de cette matière première, la pierre, en se solidifiant, devient dure, imperméable à l'eau, ou reste tendre et spongieuse.

AMÉDÉE. — Oui, mon père, mais ce que je ne comprends pas, c'est comment toutes ces particules s'attachent si bien les unes aux autres qu'on dirait un seul tout ?

M. DERVILLE. — Chaque nouveau sédiment laissé par les eaux sur la couche déja déposée, pèse sur la première, sur la seconde, sur la troisième, sur la sixième couche ; le premier effet de cette pesanteur est de faire sortir l'humidité

et l'air qui tiennent séparées les particules dont les couches se composent ;
l'air extérieur et la chaleur achèvent le
désséchement des matières ainsi réunies ; le poids qu'elles supportent aug-
mente par la superposition de nouvelles couches ; celles-ci se couvrent à
la longue de terre végétale, de plantes,
d'arbres ; et le temps complète le travail
commencé, de même que le temps détruit
ce qui fut son ouvrage.

CÉCILE. — Mon père, est-ce que les
pierres précieuses sont produites de la
même manière ?

M. DERVILLE. — On peut le supposer,
et avec d'autant plus de raison, que la
chimie, en les décomposant, a découvert que la plupart contiennent, comme
l'alun, de la terre argileuse, de la terre

vitrifiable qu'on trouve aussi dans le quartz, de la terre calcaire et du fer. C'est à la cristallisation qu'elles doivent leur éclat, leur transparence ; c'est aux métaux qu'elles doivent leurs vives couleurs.

CÉCILE. — Cela n'empêche pas toujours qu'elles ne soient bien précieuses et bien jolies ?

AMÉDÉE. — Oui, mais quand on sait de quoi elles sont faites, on les estime pourtant un peu moins.

MADAME DERVILLE. — Je ne suis pas de cet avis. Qu'importe la matière ! Le résultat des travaux que subissent, dans le sein de la terre, des matières grossières, sans éclat par elles-mêmes et sans couleur, est bien digne, ce me semble, d'être mis au nombre des cho-

ses précieuses et d'exciter l'admiration
des hommes !

CÉCILE. — Je suis de l'avis de maman.

M. DERVILLE. — Ceci me charme, ma
fille, et me fait espérer que tu n'en es-
timeras pas moins le diamant, quand tu
sauras que la houille et le diamant sont
le produit du *carbone ;* mot vulgaigaire-
ment et improprement traduit par celui
de *charbon*.

CÉCILE. — Entends-tu, Amédée?

M. DERVILLE. — Le carbone est l'un
des corps les plus répandus dans la nature. A l'état de pureté, il est vitreux et
constitue le diamant ; uni à l'hydrogène,
il forme en grande partie, les vastes dépôts souterrains connus sous le nom de
mines de houille, de bitume.

AMÉDÉE. — Je croyais que la houille était le produit des végétaux détruits par le temps?

M. DERVILLE. — Je te répondrai, mon fils, que le carbone se combine très-promptement avec les substances combustibles comme avec les oxides métalliques : de ces diverses combinaisons résultent diverses productions, dont le carbone est toujours la base principale. De même l'alumine, qui a pour base l'alun, donne, à l'état de pureté, le *corindon*, qui produit le saphir blanc, le saphir proprement dit, le rubis, la topaze, l'amétiste, l'émeraude, suivant les métaux qu'il s'assimile dans la cristallisation. Plus rare que le carbone, le corindon, à l'état de pureté, ne se trouve guéres que dans l'Inde et dans l'île de Ceylan.

AMÉDÉE. — Mon père, j'ai pourtant encore une observation à faire. S'il faut que le corindon soit à l'état de pureté pour donner les rubis, les émeraudes, alors il ne doit pas s'y trouver mêlé de terre d'aucune espèce?

M. DERVILLE. — Ton observation est juste, mon fils. J'y répondrai en t'apprenant que la petite bijouterie emploie, non pas les *pierres fines* que fournissent seulement les Indes-Orientales, mais les quartz colorés. Le quartz blanc et cristallisé, c'est le vrai cristal de roche ; le quartz cristallisé et coloré en rouge, en vert, en bleu, *usurpe* les noms de rubis, d'émeraudes, de saphir.

AMÉDÉE. — Ah ! je comprends ! Alors il n'y a de pierres vraiment précieuses que celles qui ont pour base le corindon?

M. Derville. — Et celles-là seules portent le nom de *pierres fines*.

Cécile. — Mon père, et l'agathe, qui est une si jolie pierre avec ses petits arbres bruns?

M. Derville. — L'agathe appartient aux *silex*, espéces de pierres dures, telles que les cailloux, les pierres à fusil. Les savants ne sont point parfaitement d'accord sur la manière dont elles deviennent arborisées, et mousseuses par l'effet de la dissolution d'un métal, le manganèse; mais on peut l'entrevoir, du moins, lorsqu'on sait le travail du potier, formant, avec une goutte de liquide coloré sur la tasse commune qu'il vient de mouler, des arborisations, des mousses qui se dessinent d'elles-mêmes ou qui s'étendent à volonté, suivant la manière dont on penche le vase, et suivant le degré d'humidité que la terre dont il est pétri, conserve encore.

CÉCILE. — Nous avons, dans la cuisine, des tasses arborisées en brun sur un fond blanc et sur un fond jaune ; il faudra que je les regarde d'un peu près.

MADAME DERVILLE. — J'ai entendu dire que les arborisations de l'agathe disparaissent quelquefois : c'est-à-dire qu'elles se voilent, sur la surface polie ou supérieure, pour se montrer d'une manière parfaitement nette à la surface inférieure, moins bien polie.

M. DERVILLE. —C'est possible. Dit-on aussi qu'elles reparaissent ensuite ?

MADAME DERVILLE. — Oui, mon ami,

AMÉDÉE. — Alors, c'est peut-être comme pour le corail. Les arborisations pâlissent suivant la personne qui porte l'agathe; puis elles reprennent leurs couleurs.

M. DERVILLE. — Je ne me prononcerai point sur un fait qui a besoin d'avoir été examiné attentivement plusieurs fois avant d'être placé au nombre des phénomènes, souvent inexplicables que nous présente journellement la nature. Disons un mot des marbres, puis nous irons voyager dans quelques-unes des grottes les plus célèbres des temps anciens et modernes.

CÉCILE. — Oh! quel bonheur!

M. DERVILLE. — Vous savez maintenant qu'il se trouve, dans les lieux les plus éloignés de la mer, des bancs de coquillages pétrifiés : vous savez encore, du moins à peu près, comment s'opère la pétrification des limons, ou sédiments, déposés partout où les eaux ont séjourné quelque temps ; il vous sera donc facile, sans faire un grand effort d'esprit, de comprendre de quelle manière les différentes espèces de marbres, qui sont, pour la plupart, composés de débris de coquillages et de coquillages entiers, forment des carrières loin des bords de l'Océan.

AMÉDÉE. — Entends-tu, Cécile? Les coquillages se transforment en marbre ! En ce qu'il y a de plus dur !

M. DERVILLE. — Il existe des rochers qui ont plus de dureté que le marbre. Quant à la transformation des coquillages, elle n'est que partielle puisque, je vous le répète, mes enfants, on en trouve d'entiers, surtout dans les marbres surnommés *lumachelles*. Dans ceux-là, tels que le *drap mortuaire*, par exemple, et le *petit granit*, il est facile de reconnaître la présence des madrépores, des crinoïdes, des polypiers, etc., etc. D'autres marbres n'en renferment pas, du moins qui soient *visibles* ; mais ceux-là sont *cristallins*, tel que le marbre statuaire blanc. La finesse du grain montre la finesse des sédiments calcaires déposés par les eaux ; ces sédiments s'introduisent jusque dans l'intérieur des coquilles, en suivent les spires, les remplissent, enveloppent les débris, ne forment, du tout, qu'une masse compacte, qui se solidifie de plus en plus avec le temps, mais qui est bien plus sensible aux injures de l'air que la pierre de roche. Les marbres qui contiennent de l'argile s'exfolient promptement, tandis que ceux qui sont uniquement formés de carbonate de chaux pure, résistent, pendant des siècles, aux intempéries des saisons.

CÉCILE. — Mon père, qu'est-ce que c'est, je te prie, que le carbonate de chaux?

M. DERVILLE. — On donne en général le nom de *carbonate* à des composés salins que la nature offre partout abondamment, et qu'on distingue entre eux par une épithète qui désigne leur principal caractère.

AMÉDÉE. — Mon père, les marbres sont diversement colorés : je l'ai remarqué, hier, en revenant du collége.

Il se trouve, sur ma route, un marbrier devant la boutique duquel je me suis arrêté pour les examiner. D'où viennent ces diverses couleurs ?

M. DERVILLE. — Ceci est un détail qui nous mènerait trop loin. Il me semble, d'ailleurs, qu'un moment de réflexion sur ce que nous savons des vives couleurs des polypes à polypiers, et des coquillages, suffira pour te mettre sur la voie.

CÉCILE. — Mais c'est vrai, Amédée ! Tu vois bien ; les sédiments que l'eau dépose sur les bancs de coquillages, c'est de la poussière de ces coquillages de toutes les couleurs....

AMÉDÉE. — Je ne dis pas non, ma sœur ; mais il y a des marbres bleu-turquin, des marbres porte-or, qui ne sont pas du tout nuancés de toutes les couleurs.

CÉCILE. — Ah! bah! Nous saurons cela une autre fois, n'est-ce pas, mon père? Si mon père nous disait tout en un seul jour, nous n'aurions plus rien à apprendre. »

M. Derville sourit, et répondit : « Cécile est très-pressée de visiter les grottes d'Antiparos et de Fingal, célèbres entre les plus célèbres. Suivons-la donc, de crainte de dire *en un seul jour* TOUT ce qu'on peut dire sur les terres, les pierres, les pierres précieuses et les marbres.

AMÉDÉE. — Comme mon père se moque de toi, ma sœur!

CÉCILE. — Rire un peu, ce n'est pas toujours se moquer : n'est-ce pas, mon père ?

M. DERVILLE. — Assurément, ma fille. Eh bien ! partons-nous pour l'Archipel ?

CÉCILE. — Oh ! tout de suite !

M. DERVILLE. — Mais il faut t'armer de courage, car nous aurons plus d'une difficulté à surmonter, plus d'un obstacle à vaincre, avant que nos yeux puissent jouir d'un spectacle magnifique, et vraiment magique !

MADAME DERVILLE, *en riant*. — Nous aurons, je pense, tout le courage qu'il faudra pour surmonter des obstacles qui ne seront qu'en paroles....

CÉCILE. — Et les jouissances, le spectacle aussi, maman !

M. DERVILLE. — On ignore l'époque de la découverte de la grotte d'Antiparos ; mais on a lieu de croire qu'elle fut faite dès la plus haute antiquité. Quelque berger, peut-être, à la recherche de ses moutons, ou quelque chasseur, à la recherche d'une bête fauve, entra dans la caverne rustique, d'environ trente pas de largeur, et qui était alors, comme elle l'est encore aujourd'hui, partagée par des piliers naturels ; de là, ce berger ou ce chasseur arriva, en s'égarant, jusque dans la grotte d'Antiparos. Entre deux des piliers, à droite, le terrain descend en une pente douce ; au fond de la caverne est une pente rude, d'environ vingt pas de longueur ; c'est le seul passage pour pénétrer dans la grotte ; passage difficile, où la flamme des torches n'éclaire que des rochers noirs et stériles. L'ouverture qui sert d'entrée est si basse, qu'il faut se mettre à genoux pour y passer. Au moyen d'un câble solidement attaché, on descend dans une espèce de précipice qui paraît sans fond ; son affreuse nudité, l'humidité de l'air, tout concourt à glacer les sens ; de ce précipice, on descend dans un autre ; ici, on glisse à chaque pas, et les nombreux échos qui répètent, avec le fracas du tonnerre, jusqu'au moindre bruit, font deviner qu'on est entouré de profonds abîmes. Il faut en traverser un, sans autre pont qu'une échelle, qui sert ensuite pour gravir un rocher tout-à-fait à pic ; de l'autre côté, on se glisse avec précaution à travers mille dangers, et l'on se casserait la tête contre les pointes tranchantes des rochers, si les guides ne vous avertissaient de vous baisser. Arrivé en bas, on se couche sur le dos, et l'on se laisse couler doucement, en traînant après soi l'échelle dont on aura encore besoin, pour atteindre jusqu'à la véritable entrée de la grotte

CÉCILE. — Mon père avait bien raison de dire qu'il faut du courage pour aller visiter la grotte d'Antiparos !

AMÉDÉE. — Bien certainement celui qui l'a découvert le premier et qui en est sorti, après y être entré, devait être un proscrit.

M. DERVILLE. — Ou un criminel allant chercher, dans les entrailles de la terre, un refuge contre la juste colère des hommes. Quoi qu'il en puisse être de mes suppositions et des tiennes, toujours est-il vrai que cette grotte immense, en élevation, en largeur et en profondeur, est l'une des plus riches qu'on puisse voir. Elle présente de grandes et belles stalactites qui réfléchissent, comme des milliers de miroirs à facettes, la lumière des torches, et tombent en festons de la voûte. Le marquis de Pointel, ambassadeur de la France à la Porte, y descendit, le jour de Noël, 1773, accompagné d'un grand nombre de personnes, et y fit célébrer la messe de minuit avec beaucoup de solemnité, ainsi que l'apprendra, aux siècles à venir, l'inscription gravée sur la fameuse pyramide appelée *l'autel;* à moins que cette inscription ne se trouve ensevelie sous de nouveaux dépôts de molécules pierreuses et métalliques.

AMEDEE. — Voici quelque chose que

je ne comprends pas trop clairement.

MADAME DERVILLE. — Je comprends
à peu près; mais je ne serais pas fâchée
pourtant de savoir positivement comment se forment les stalactites.

M. DERVILLE. — L'eau joue encore
ici un grand rôle, et nous retrouvons
les mêmes lois auxquelles est soumis
partout le sédiment qu'elle entraîne
comme eau courante avec elle, et que,
comme eau stagnante, elle dépose sur
son passage. Cette eau, quand elle n'arrive que lentement et en passant à travers des couches calcaires ou gypseu-
ses, se charge plus ou moins de molécules qu'elle tient presqu'en dissolution
jusqu'au moment où, par l'effet du repos, elle s'en débarrasse. Filtrant goutte
à goutte à travers les fissures étroites

des rochers, elle demeure souvent suspendue ; peu à peu elle s'évapore ; les
parties étrangères qu'elle tenait en dissolution, comme je viens de le dire, se
rapprochent et forment un petit anneau
une espèce de commencement de tube
qui s'allonge et grossit à mesure que de
nouvelles gouttes d'eau arrivent. Ces
gouttes d'eau coulent au dehors du tube
ou bien à sa face intérieure : dans ce
dernier cas la cavité est bientôt remplie,
et c'est alors que la stalactite grossit à
sa base supérieure, sur laquelle viennent
toujours s'étendre de nouvelles gouttes
d'eau, qui se répandent ainsi à l'extérieur.

MADAME DERVILLE. — Que de gouttes
d'eau ont dû couler de la sorte, pour former les franges, les festons qui ornent
la grotte d'Antiparos ! Et, par consé-

quent, que de siècles il a fallu avant
que cette merveille de la nature soit arrivée au point de perfection où nous la
voyons aujourd'hui !

Cécile.—Mais, mon père, la grande
pyramide, l'autel qui s'élève au milieu, comment a-t-il pu s'élever ? Si
c'était une colonne, on comprendrait
qu'elle a dû commencer à partir de la
voûte ; mais une pyramide qui n'y tient
pas et qui part d'en bas !

Amédée.—Que tu t'embarrasses quelquefois pour peu de chose, ma sœur !
Les gouttes d'eau plus grosses, plus
lourdes qui sortaient de la voûte, au-
dessus de l'endroit où est aujourd'hui
l'autel, au lieu de rester suspendues,
seront tombées l'une après l'autre sur le
sol, et là elles se seront solidifiées, en

déposant à chaque nouvelle goutte, une nouvelle couche de sédiment, et ainsi l'autel aura grandi, se sera élargi ; n'est-ce pas, mon père ?

M. DERVILLE. — Oui, mon fils, c'est cela même.

CÉCILE. — Qu'il est donc heureux, cet Amédée ! il devine tout !

M. DERVILLE. — Tu serais aussi *heureuse* que lui, mon enfant, si tu réfléchissais davantage : tu trouverais alors ce que trouve ton frère. Seulement, je vous ferai observer à tous les deux qu'on donne le nom de *stalactites* aux concrétions qui restent suspendues aux rochers; et celui de *stalagmites* aux concrétions des gouttes d'eau qui tombent sur le sol et forment des dépôts mamelonnés. Dans la grotte d'Antiparos, on trouve des stalactites et des stalagmites ; il en est de même dans les grottes d'Auxelle et d'Arcy, en France, et dans les cavernes d'Adelsberg, en Carniole. C'est ici que la plus grande variété et la plus grande magnificence sont déployées aux yeux éblouis du voyageur. On le fait passer du *petit temple* où les stalactites et les stalagmites présentent les formes les plus élégantes, dans la *boutique du charcutier* ; cette salle est très-bien nommée ; on croirait y voir suspendues toutes les *richesses* qui remplissent la boutique d'un charcutier en vogue ; de là on va à la *salle du tournoi* : le sol bien uni dans le milieu, et couvert d'un sable fin, s'élève sur les côtés en forme d'amphithéâtre ; d'autres salles présentent chacune quelque chose de remarquable ; ici, c'est un gros pilier qu'il suffit de frapper du bout de la canne, pour produire le tintement d'une grosse cloche ; ailleurs, se présente une colonne régulièrement cannelée ; là, c'est un vase supporté sur un piédestal peu élevé et dans lequel une eau limpide et froide comme la glace, se maintient constamment au même niveau : cette eau est distillée lentement par la voûte ; comme elle se réunit dans le vase que les premières gouttes ont formé, elle s'évapore plus difficilement ; mais, avec le temps, le sédiment qu'elle apporte remplira le vase ; alors l'eau débordera et produira d'autres figures, quelque pyramide, quelqu'autel d'un beau style.

CÉCILE. — Que c'est donc curieux !

M. DERVILLE. — C'est après avoir conduit le voyageur dans ces différentes

cavernes, dont l'entrée est plus facile
que celle de la grotte d'Antiparos, que
les guides l'introduisent dans la salle
du *grand rideau*. Rien de plus beau,
rien de plus magique que l'effet produit
par cette magnifique stalactite qui descend de la voûte, c'est-à-dire de la hauteur de vingt pieds, d'une seule pièce,
et en formant des ondulations élégantes
et des plis gracieux. Ce *rideau*, d'un
nouveau genre, très-mince et d'une
grande blancheur, est bordé, par le bas,
de raies rouges qui en suivent tous les
contours. Cette couleur est due à de
l'oxide de fer, entraîné probablement
par l'eau qui a formé peu à peu le rideau en suintant de la voûte. L'oxide
étant plus pesant que la matière calcaire,
qui forme le fond de l'*étoffe* tout entière, se sera accumulé au bas. Afin de
mieux faire jouir le voyageur de cette

vue magique, les guides passent avec
leurs torches derrière le rideau.

MADAME DERVILLE.—Eh! bien, Cécile,
quand ton père te disait que sous nos
pieds est un monde de merveilles !

CÉCILE.—Oh! mon père avait raison,
comme toujours. Mais que tout cela doit
être beau !... C'est dommage qu'il faille,
pour aller chercher ces merveilles, passer par des chemins qui sont de vrais
casse-cou !

AMÉDÉE. — Mon père, la chaussée des
Géants, la grotte de Fingal dont il est
si souvent question dans les livres, sont-
elles composées de stalactites seulement
ou bien s'y trouve-t-il aussi des stalagmites ?

M. DERVILLE. — Rien de tout cela,

mon fils; et c'est ici que l'homme le plus
instruit est obligé de reconnaître l'im-
puissance de ses moyens pour pénétrer
le mystère d'un grand nombre des travaux de la nature. Depuis longtemps la
côte septentrionale de l'Irlande est célèbre par la beauté et par la dimension des
prismes basaltiques qui forment, au
camp de Fairhead, une espèce de chaussée d'une assez grande étendue, et qui
est comme pavée de pierres noirâtres,
de figure hexagone. Dans l'île de Staffa
la grotte de Fingal où pénètre fort avant
l'eau de la mer, est composée de prismes réguliers dont les uns s'élevant à
une grande hauteur, soutiennent une
voûte qui ne présente que de petits
prismes couchés dans toutes les directions. Le Vicentin, le Vivarais, l'Au-
vergne sont aussi fort riches en cons-
tructions basaltiques naturelles qui of-

tent partout à peu près les mêmes dis-
positions. Je ne vous dirai pas, mes enfants, ce que c'est que le basalte ; les
modernes non seulement ne sont pas
d'accord là-dessus avec les Anciens,
mais ils ne le sont pas davantage entre
eux. On ignore encore de nos jours si
les basaltes appartiennent au système
neptunien ou bien au système pluto-
nien ; ce qu'il y a de certain c'est que
le basalte ne se divise pas constamment
en prismes réguliers formant une sorte
de gigantesque pavage, comme à la chaussée des Géants, ni une sorte de temple
à gigantesque colonnes, comme à la
grotte de Fingal ; on le trouve en masses énormes dont la réunion constitue
des montagnes, des plateaux, des pays
très-étendus. D'une composition compacte et dure, il ne s'altère que lentement à l'air, et il prend un assez beau

poli. Aussi l'emploie-t-on dans les arts.
Les Romains s'en servaient pour res-
taurer les monuments égyptiens, en
pierre noire d'Éthiopie, qu'ils avaient
transportés à Rome. En Eurorope on fait,
avec le basalte, des enclumes pour les
batteurs d'or, des mortiers, des pilons.

Cécile. — Alors nous en pourrons
voir !

M. Derville. — Sans doute ; mais le
basalte ainsi *déshonoré* par les usages
àuxquels on l'emploie, ne saurait vous
donner l'idée des prismes d'une grande
longueur, formés de tronçons, placés bout
à bout, et comme articulés, élevés ou
plutôt *entés* les uns sur les autres par
une main toute-puissante pour fonder
et la chaussée des Géants, et la grotte
de Fingal, et tant d'autres *monuments*

Mine de Fer.

Mine de Sel.

CHAPITRE V.

Les métaux. — Métallurgie. — Mines anciennes.
— Mine de fer de l'île d'Elbe. — Air méphytique. — Explosions. — Exhalaisons.—Lampe
de sûreté.—Tonnerre factice.

Grâce à son frère, Cécile ayant pu
mettre en ordre les notes prises la veille
un peu à la légère, rappela le soir à
son père la promesse qu'il avait faite
de les conduire dans quelques mines,
comme déjà il les avait conduits dans
les grottes d'Antiparos, d'Adelsberg et
de Fingal.

« Je le veux bien, répondit M. Derville; mais auparavant ne chercherons-

nous pas à reconnaître ceux des principaux caractères qui distinguent les métaux des minéraux ? Ils sont en petit nombre, et ils *sautent aux yeux* pour ainsi dire. D'abord un certain éclat surnommé *métallique*, et qui n'appartient en effet qu'aux métaux ; ensuite leur *ductilité*, leur *malléabilité* qui permettent de les tirer à la filière, de les étendre sous le marteau, enfin leur *pesanteur*. Ce dernier caractère est contesté aujourd'hui qu'on a fait entrer dans la classe des métaux des substances longtemps rangées parmi les minéraux.

AMÉDÉE. — Il est certain que ceux des minéraux que nous connaissons, tels que les pierres, les marbres, ne peuvent pas se tirer à la filière ni s'étendre sous le marteau. Mais les marbres, quand ils sont polis, ont aussi de l'éclat, mon père?

M. Derville. — Compare cet éclat à celui que présentent les métaux, et tu reconnaîtras que ce n'est pas le même. Je me bornerai à mentionner ce soir les métaux dans l'ordre que leur assignent leur importance et leur utilité dans les arts. Ainsi le fer tient le premier rang.

Cécile. — Moi, j'aurais cru que c'était l'or.

M. Derville. — L'or, quelque précieux qu'il puisse être, ne saurait remplacer le fer auquel nous devons les outils....

Amédée. — Et les armes!

M. Derville.— La découverte du fer

a plus contribué à la civilisation des nations que l'or qui ne sert trop souvent qu'à les corrompre. Vient ensuite le plomb, ce *vil métal*, si dédaigné et si utile pourtant; le cuivre, dont personne, je pense, ne contestera l'importance; l'étain non moins nécessaire; le zinc qui, aujourd'hui, remplace si avantageusement la tôle étamée et surnommée *fer-blanc;* le mercure, l'argent, l'or, le platine, autrefois appelé *or-blanc;* l'antimoine, le bismuth, le cobalt, l'arsenic, le chrôme et le manganése. Tels sont les substances placées de nos jours au rang des métaux.

AMÉDÉE. — Mon père, je voudrais bien savoir comment on découvre que dans tel ou tel endroit il y a une mine?

M. DERVILLE. — Il serait difficile.

mon fils, de répondre en peu de mots à une question qui te paraît toute simple pourtant. Quelquefois le hasard fait découvrir un filon; quelquefois aussi, quoiqu'on possède peu de connaissances en métallurgie, on reconnaît le voisinage d'une mine à un terrain montueux et aride; car les richesses du règne minéral excluent de la surface du sol les richesses du règne végétal. On sait généralement que les montagnes qui recèlent des mines, se composent de roches solides, schisteuses ou graniteuses; on sait encore que le pied de ces montagnes, qui se terminent en pente douce, est ordinairement coloré; que les filons métalliques se trahissent par des veines de quartz ou de spath communément vitreux; enfin les eaux qui sortent de ces montagnes entraînent souvent avec elles quelques parcelles de métal.

CÉCILE. — Alors, c'est bien facile à reconnaître. Que je voudrais donc être déjà *en route !*

M. DERVILLE. — Eh bien, pars, ma fille, puisque tu es si pressée. Mais nous, qui une fois arrivés dans les mines, n'aurons plus le temps de nous informer des procédés employés par la métallurgie pour nous donner purs les métaux qu'on retire du sein de la terre mélangés de matières étrangères et souvent d'autres espèces de métaux, nous allons essayer de prendre au moins une légère idée de ces procédés si certains aujourd'hui. Ils sont le fruit des recherches d'une foule d'hommes savants et dominés par l'amour de leur art.

— « Je reste ! répondit Cécile en étouffant un soupir. Elle n'était pas encore bien guérie de la *frayeur* que lui avait toujours inspirée *la science*.

— « Ta résignation et ta patience, reprit M. Derville qui ne put s'empêcher de sourire, ne seront pas mises à des épreuves bien rudes ni bien longues ; ainsi je t'engage à écouter, avec toute l'attention dont tu es capable, et à prendre des notes que tu seras bien aise de retrouver plus tard. Ce que j'ai à dire, d'ailleurs, est curieux, et nullement ennuyeux.

« C'est aux travaux de la chimie minérale qu'est soumis d'abord le minerai, soit terre, soit pierre, qu'on a découvert par hasard, ou en cherchant une mine. Il s'agit de savoir quel métal y domine ; parce que, comme je viens de vous le dire, mes enfants, on en trouve souvent deux mêlés ensemble. La chimie seule peut donner le moyen de reconnaître, avec certitude, lequel des deux est le plus abondant ou le plus riche ; lequel, par conséquent, il importe d'extraire ; on s'attachera à celui-là en sacrifiant l'autre : car il est rare que les mêmes procédés puissent servir à l'extraction de deux métaux différents du minerai qui les réunit. Le chimiste ne met point ici l'économie qui doit régner plus tard dans l'exploitation de la mine; sa seule affaire c'est d'arriver à un résultat certain qui servira de guide pour les travaux métallurgiques ; mais ceux-ci ne commencent que lorsque l'ingénieur des mines a bien pesé les avantages et les désavantages que peuvent présenter les localités. Il examine ensuite quels sont les agents chimiques qu'on doit employer pour traiter économiquement le minerai : la qualité du combustible qu'il faut préférer ; la manière dont on s'y prendra pour se procurer, à moins de frais possibles, l'eau, l'air atmosphérique nécessaires aux opérations ; enfin les produits accessoires qui naîtront de la fusion du minerai, tels que les fluides élastiques ou gaz qu'il faut recueillir afin d'augmenter les bénéfices.

AMÉDÉE. — Vois-tu, Cécile, que c'est curieux !

CÉCILE. — Oui, c'est vrai. Je ne m'en serais jamais doutée.

MADAME DERVILLE. — Tu dois être contente qu'on ait *retardé le départ*.

M. DERVILLE. — Après avoir préparé le *laboratoire*, en décidant si l'on se servira de tourbes, ou de houilles brutes ou épurées, de bitume ou d'hydrogène, et en choisissant les métaux purs ou combinés qu'on doit employer comme fondants ou comme alliage, on songe aux machines qui doivent réduire les minerais en fragments; au lavage qui exige des plans inclinés, et plus ou moins de main-d'œuvre, au grillage qui a pour objet de faciliter la fusion du minerai; aux moyens à prendre pour conduire les vapeurs dans des cheminées de condensation où il soit possible d'en recueillir les produits; car, mes enfants, dans les grandes exploitations surtout, aucun profit, quel que petit qu'il soit, ne doit être dédaigné, parce que ce petit profit devient grand bénéfice ou grande perte si on le néglige, lorsque tout est monté sur une grande échelle. Quelque jour, je vous parlerai d'industrie, et alors j'entrerai dans des détails

que je dois laisser aujourd'hui de côté
pour revenir à ce qui est l'objet principal de nos entretiens actuels, à l'histoire du règne minéral.

CÉCILE. — Je voudrais pourtant bien
savoir, mon père, comment on épure
l'or ?

M. DERVILLE. — Ma chère enfant,
je te le dirais volontiers si tu connaissais
une seule des opérations métallurgiques
employées pour traiter quelqu'autre
métal ; mais ton ignorance étant complète à cet égard, je me trouverais en
gagé dans des explications interminables.
Seulement, comme je vois à regret que
toi aussi tu regardes une mine d'or
comme la source d'immenses richesses,
je veux te prouver, par des chiffres,
combien est grande une erreur presque

générale. Un Espagnol a eu dernière-
ment l'idée de comparer les produits
des mines d'or et d'argent qu'on ex-
ploite en Amérique, avec le produit
des mines de houilles de l'Angleterre ;
et il établit de la manière la plus claire,
que le produit brut des mines d'or et
d'argent n'est annuellement que de deux
cent vingt millions cinq cent mille francs,
tandis que le produit brut des mines de
houille de l'Angleterre est de *quatre
cent cinquante millions ;* différence en
plus, *deux cent vingt-neuf millions cinq
cents mille francs.*

CÉCILE. — Ah ! mon Dieu ! qui pourrait croire que des mines de charbon de
terre puissent, à elles seules, donner de
si énormes produits !

M. DERVILLE. — Tous ceux qui saveut, mon enfant, à combien d'usage est employée la houille, dans un pays surtout où elle abonde. Je le répète; l'or n'est qu'une richesse *fictive*; tandis que le fer, le cuivre, l'étain, le plomb, la houille, sont, ainsi que les récoltes des productions du règne végétal et que la multitude des troupeaux de gros bétail et de bêtes à laine, des sources intarissables de richesses réelles. Maintenant *mettons-nous en voyage*. Si nous allons en Misnie, l'un des cercles de Saxe, nous trouverons des mines exploitées depuis plusieurs siècles : nous y parcourrons des galeries qui s'étendent à plusieurs lieues de longueur, et qui communiquent d'une montagne à l'autre à neuf cents pieds de profondeur perpendiculaire sous terre ; si de là nous passons en Suède, nous pourrons descendre à quatre cents toises du sol dans

des mines de cuivre, fouillées par bien
des générations; en Pologne, nous trouverons des mines de sel; en Lorraine
des mines de charbon; en Bretagne des
mines d'étain, etc., et ne croyez pas,
mes enfants, qu'aucune de ces mines
ressemble à l'autre; elles ont chacune
leur aspect particulier, indépendam-
ment de la différence du minerai qu'on
en retire, et des travaux divers que ces
diverses exploitations exigent.

MADAME DERVILLE. — Ce que tu nous
as dit tout à l'heure, mon ami, des
avantages ou des désavantages offerts
par les localités, à l'ingénieur des mines
chargé d'établir les travaux, explique
encore ces dissemblances.

AMÉDÉE. — Et aussi, maman, je crois
les mœurs, les usages des habitants des

pays où l'on ouvre de nouvelles mines. Mon père, est-ce qu'on n'en abandonne jamais aucune?

M. Derville. — Il faut qu'une mine soit totalement épuisée, tu le conçois, mon fils, pour qu'on se résigne à perdre tous les travaux qu'on a dû exécuter pour l'ouvrir, pour y creuser des galeries, des chemins. Cela se voit cependant quelquefois. Ainsi à Orbrisseau en Bohême, est une mine de fer abandonnée depuis longtemps, sans doute, puisqu'on y a trouvé, il y a quelques années, du bois tellement incrusté de cristallisations ferrugineuses, qu'on aurait pu le prendre pour un lingot de fer. Dans une mine de plomb, en Angleterre, on a découvert une portion de l'os de la cuisse d'un mineur, tué apparemment par une moufette, tout couvert de py-

riés de plomb; cet os en était tellement
chargé, qu'il paraissait lui-même être
chargé en pyrite.

CÉCILE. — Le pauvre homme! Mon
père, qu'est-ce que c'est donc, je te prie,
qu'une moufette?

M. DERVILLE. — Nous le saurons tout
à l'heure. L'île d'Elbe, dont le nom seul
réveille de si grands et de si douloureux
souvenirs, possède une mine de fer très-
belle que visitent souvent les curieux et
dans laquelle on marche et travaille à
ciel ouvert.

AMÉDÉE. — Comment donc cela, mon
père?

M. DERVILLE. — Il est probable que
quelque tremblement de terre ayant bou-
leversé en partie le sol, aura ainsi dé-

couvert la mine exploitée jadis par les
Romains, selon toute apparence : car on
y a trouvé, dans le siècle dernier, deux
de leurs outils appelés *pics de roche*. Ils
étaient restés piqués entre deux blocs de
mines et tellement couverts de mine
cristallisée, on appelle mine par abré-
viation, le minerai, qu'ils parurent mé-
riter, comme objets rares, d'être re-
cueillis dans un cabinet de curiosités
naturelles.

AMÉDÉE. — Dire qu'on trouve les tra-
ces du passage des Romains jusque sous
terre !... Mon père, puisque tout ce qui
reste dans une mine abandonnée se couvre ainsi de pyrites et de mine, c'est que
la nature continue à travailler, n'est-ce
pas ? Alors le minerai ne doit jamais
s'épuiser ? Pourquoi donc abandonner
les mines ?

M. Derville. — Mon enfant, la nature est moins prompte à produire ou à reproduire, que l'homme ne l'est à détruire. Avec la poudre à canon, il ouvre de vastes cavernes dans le sein de la terre ; le minerai qu'il a ainsi détaché et qu'il fait griller puis fondre dans de hauts fourneaux, ne suffit pas à son avidité : s'aidant du pic de roche et de la pioche, il détache autour de lui d'énormes blocs pour les réduire en fragments ; il ne réserve de la mine que ce qui est nécessaire pour empêcher les voûtes souterraines de crouler, et, en quelques dixaines d'années, il a détruit une grande partie de ce qui est le résultat de vingt ou de trente siècles des travaux de la nature. Mais cette nature ne se montre pas constamment la même ; c'est-à-dire que, contrairement à l'avidité de l'homme, elle ne produit pas des mines inépuisables d'une seule et même substance ou de deux métaux principaux réunis en un seul minerai. Au filon de fer, de cuivre qui a payé avec usure les efforts de l'homme occupé à l'arracher aux entrailles de la terre, succède le filon d'un autre métal ; et suivant que les nations sont plus ou moins instruites en métallurgie, l'exploitation est abandonnée ou change de face. Ainsi, pour vous en citer quelques exemples curieux, en Saxe, en Sibérie, dans le Hartz, en Alsace, on aurait abandonné, peut-être, dans les siècles d'ignorance, les mines qui cessaient de fournir l'antimoine en plumes rouges, le plomb rouge, le plomb blanc en aiguilles, l'argent corné, l'argent vierge en végétation ; mais la science de la métallurgie étant assez avancée, à l'époque où ces filons cessèrent de donner, pour qu'on reconnût que d'autres non moins précieux les remplaçaient, on a continué les travaux, et l'on obtient aujourd'hui le marcassite en crêtes de coq : des pyrites cuivreuses, cristallisées et brillant de toutes les couleurs de l'arc-en-ciel, du mercure coulant, etc., etc. Il est possible que, dans un siècle ou deux, on retrouve, à quelques centaines de toises plus loin, les mines primitives ; ceci est arrivé souvent déjà : aussi, de nos jours, on n'abandonne plus les mines, à moins de s'être assuré qu'elles sont complétement épuisées.

CÉCILE. — Mon père n'oublie pas, je te prie, que tu as promis de nous dire ce que c'est que les moufettes ?

AMÉDÉE. — Cécile meurt d'envie d'entendre raconter des histoires tragiques de mineurs asphixiés dans les mines.

M. Derville. — Ces *histoires tragi-*
ques, mes enfants, ne se renouvellent
que trop souvent malgré toutes les précautions qu'on peut prendre en perçant
des puits, en ouvrant des galeries afin
que l'air puisse circuler dans toute la
mine, et en offrant, à l'aide d'espèce de
tuyaux de cheminée, un passage à l'air
atmosphérique; enfin en établissant plusieurs sortes de ventilateurs. C'est surtout dans les mines de houille que règne
l'air méphytique auquel les mineurs ont
donné le nom de *moufette* ou de *pousse*;
beaucoup de cavernes en sont infectées;
telle entre autres la grotte du chien si
fameuse par les expériences que chaque
voyageur veut répéter lui-même. C'est
une vapeur qui ressemble quelquefois à
un brouillard épais; elle se dégage particulièrement pendant les vives chaleurs
de l'été. Peu à peu elle éteint, dans les

mines, les lampes, le charbon allumé ;
et son effet est si prompt, qu'une chan-
delle ainsi éteinte n'exhale point de fumée et que le charbon ardent ne conserve aucun vestige de chaleur.

Cécile. — Jugez un peu de ce que les
moufettes doivent produire sur les hommes !

M. Derville. — Les mineurs, toujours inquiets, ont l'œil à la lumière
autant qu'à leur ouvrage. Dès que la
flamme de la lampe s'affaiblit, ils pren-
nent la fuite et tâchent de sortir promptement de la mine. Mais quelquefois c'est
en y entrant et sur l'échelle même qu'ils
sont suffoqués. Saisis à la gorge, comme
si on leur serrait le cou avec une corde,
ils tombent sans connaissance. Si l'on
peut les secourir à temps en les portant

au grand air, en les couchant à plat-
ventre la face appuyée sur la terre qu'on
vient de dépouiller de gazon et en les
couvrant de mottes de ce même gazon, ils
reviennent à eux comme sortant d'un
profond sommeil; mais parfois il reste
au malheureux, pour toute sa vie, une
toux convulsive et dont rien ne peut le
guérir.

CÉCILE. — Pauvres gens !

MADAME DERVILLE. — Les richesses
que quelques-uns acquièrent ne sont
trop souvent obtenues qu'au prix de la
santé ou de la vie des hommes !

AMÉDÉE. — Mon père, j'ai entendu
parler d'explosions qui ont lieu dans les
mines et qui tuent des mineurs par centaines? Ce n'est pas la moufette qui les

produit, puisqu'elle éteint au contraire jusqu'au charbon bien allumé.

M. DERVILLE. — Des vapeurs plus ou moins malfaisantes et de différentes espèces s'exhalent, vous le savez mes enfants, des minéraux et des métaux ; car je vous ai dit quelques mots des gaz retenus captifs et que la chaleur, que l'humidité, que bien des causes enfin contribuent à dégager. Ces vapeurs, qui vicient l'air atmosphérique, au moins au-dessus des lieux d'où elles s'élèvent, alors même que cet air atmosphérique étant libre, peut se renouveler, sont bien plus dangereuses dans l'intérieur des mines où elles ne circulent que difficilement ; mais il est quelques mines où elles le deviennent plus encore : ce sont les mines de cuivre, d'étain et surtout de mercure. Il ne faut pas vous figurer que ces exhalaisons soient désagréables à l'odorat : c'est ordinairement par le parfum de la violette ou des pois-fleurs qu'elles se manifestent, et ce parfum avertit les mineurs de fuir.

CÉCILE. — Ah! mon Dieu! Et les personnes qui n'en savent rien et qui croient respirer le parfum des fleurs!

M. DERVILLE. — Elles tombent évanouies et meurent si on ne les porte pas aussitôt à l'air. Vous savez encore que le gaz acide carbonique est mortel; tous les endroits fermés en contiennent en abondance ; autre cause encore de dangers bien grands. Enfin il y a des mines où le gaz hydrogène, ou gaz inflammable, se trouve si abondant, que pour s'y procurer une lumière sans flamme, les Anglais ont imaginé de construire une grande roue dont le pourtour est rempli de morceaux de silex ou pierre à fusil ; la roue tourne sans relâche, et les morceaux de silex frappant continuellement contre un grand nombre de pièces d'acier, produisent un courant continu d'étincelles dont la lumière scintillante suffit pour éclairer les mineurs dans leurs travaux.

AMÉDÉE. — Voilà une invention bien singulière, j'espère !

CÉCILE. — Quel bruit tout cela doit faire !

AMÉDÉE. — Je comprends maintenant que c'est le gaz hydrogène qui est cause des détonations et des explosions dans les mines ; mais, mon père, est-il visible et peut-on s'en garantir ?

M. Derville. — Je répondrai d'abord à ta seconde question que sir Davy ayant découvert que cette vapeur, quelque dense qu'elle puisse être, ne saurait pénétrer entre les mailles étroites d'une toile métallique très-fine, a imaginé de construire avec cette toile une lampe de sûreté pour les mineurs. Par ce moyen fort simple, la flamme des lampes ne se trouvant plus en contact immédiat avec l'air inflammable, les explosions sont beaucoup moins fréquentes. Quant à ta seconde question, je répondrai que je ne crois pas que le gaz hydrogène, arrivé même au plus haut degré de densité, soit *visible* ; mais les vapeurs qui le contiennent le sont du moins. Elles sortent avec une espèce de sifflement par les fentes des souterrains où l'on travaille, et elles apparaissent sous la forme de fils blancs ou de toiles d'araignées ; c'est particulièrement vers la fin de l'été qu'on les voit voltiger. Quand ces vapeurs sont très-divisées, elles n'offrent point de danger ; mais se réunissent-elles, les mineurs s'en saisissent et les écrasent entre leurs mains avant qu'elles soient parvenues à la flamme de leurs lampes. S'ils ne les saisissent pas à temps, elles s'enflamment ; des détonations se font entendre, et souvent ont lieu des explosions terribles qui coûtent la vie à des centaines d'ouvriers, car ces explosions ébranlent la mine et déterminent souvent la chute de piliers, de blocs énormes qui ensevelissent les malheureux sous les décombres.

CÉCILE. — Mon Dieu ! que de dangers ! Est-il possible que les hommes aient imaginé d'aller ainsi fouiller au fond de la terre !

Amédée. — Il est bien certain que ce ne sont pas les femmes qui auraient fait cela ! Elles sont trop poltronnes !

Madame Derville. — Les femmes, mon enfant, sont aussi courageuses que les hommes ; mais elles ont moins de hardiesse, de cette hardiesse qui fait entreprendre des travaux qu'on ne peut exécuter sans les forces physiques dont la nature ne les a point dotées en général.

Cécile. — Entendez-vous, monsieur mon frère ?

Amédée. — Oui, j'entends, et maman a raison. Mais quelque chose m'inquiète, mon père ; c'est cette roue remplie de fragments de pierres à fusil et d'acier, et ces milliers d'étincelles qu'elle fait jaillir en tournant. Est-ce qu'une seule ne suffit donc pas pour enflammer le gaz hydrogène ?

M. DERVILLE. — Ce moyen de sûreté, mon enfant, n'est pas mis en usage dans toutes les mines où abonde le gaz hydrogène. Il ne réussirait point partout, et son emploi exige bien des précautions, bien de l'expérience : mais il faut admirer, en ceci, surtout le génie inventif des Anglais et leur tenacité à tirer parti des produits de la nature, quelque danger que leur exploitation présente. C'est le caractère particulier de cette nation ; de là viennent ses richesses, sa puissance. Ce caractère n'est blâmable que lorsqu'il conduit à placer les hommes au nombre des produits qu'on peut et qu'on doit exploiter de même que tous les autres ; c'est là une erreur, pour ne pas employer un mot plus fort, dans laquelle est tombée souvent l'Angleterre, quoiqu'elle se soit posée dès longtemps comme le champion le plus ardent de l'abolition de l'esclavage. Mais revenons aux miens, et à ce que les mineurs nomment simplement *exhalaisons*. Ces exhalaisons ont lieu à l'heure matinale où la rosée couvre la terre; elles sont considérables, elles sont visibles, et jamais elles ne se résolvent en eau. Après leur disparition, les mineurs trouvent les mines des filons qui étaient dans le voisinage du lieu où elles se sont montrées avec abondance, dans un tel état de décomposition, qu'il n'y reste plus de métal; on dirait des os cariés; enfin d'autres exhalaisons minérales produisent les cristallisations les plus merveilleuses, mais altèrent en même temps la santé des

hommes : aussi la plupart des mineurs
meurent-ils jeunes, et ceux qui sur-
vivent sont affectés, dans leurs vieux
jours, d'infirmités inconnues aux ouvriers qui travaillent sur la surface du
globe.

CÉCILE. — A présent que je sais tout
cela, je ne suis plus aussi pressée de
descendre dans les mines.

MADAME DERVILLE. — Oh ! cette fois
tu mérites, ma fille, d'être mise au rang
des poltronnes !

CÉCILE. — Mais, maman, songe donc
qu'on peut mourir dès en mettant le pied
sur l'échelle !

M. DERVILLE. — Beaucoup de personnes cependant, des femmes même

sont descendues et descendent journellement, par curiosité, dans les mines
sans que jamais il ait été fait mention
d'aucun événement de ce genre, et sans
qu'on se soit jamais arrêté à la foule
des autres dangers qui menacent et les
curieux et les mineurs ; tels, par exemple, que la soudaine irruption des eaux
qui pénètrent tout à coup, en averse,
ou bien en torrent, par la partie supérieure de la voûte, et qui mettent en
fuite les travailleurs, quand ceux-ci ont
le temps de fuir : tels encore que les
éboulements inattendus qui viennent
combler les puits, les galeries. Ces deux
causes obligent souvent d'abandonner
tout-à-fait une mine très-riche. Une
crainte exagérée de la mort n'a d'autre
effet, mon enfant, que d'empoisonner la
vie, sans profit pour soi-même, ni pour
personne ; car cette mort qu'on redoute

peut nous frapper partout, et, quelque
soin que nous prenions pour l'éviter,
elle nous atteindra pourtant un jour.

CÉCILE.—Sans doute, mais je ne vois
pas la nécessité de l'aller chercher.

— « Poltronne! poltronne ! répéta
Amédée, en riant.

M. DERVILLE. — Je vous ai dit déjà,
mes enfants, qu'après les mines de cuivre et de mercure, les mines de houille
sont les plus dangereuses ; vous savez
aussi qu'il s'en trouve, en grand nombre, dans l'Angleterre et l'Écosse. Le
lendemain d'une journée où l'on n'y a
point travaillé, l'accumulation de l'acide
carbonique est si forte, que pas un ouvrier n'y pourrait rentrer qu'au risque
de la vie ; et cependant il faut reprendre
les travaux.

CÉCILE. — Ah! mon Dieu! comment faire, alors?

M. DERVILLE. — L'un des mineurs se vêtit d'une toile cirée qui l'enveloppe de la tête aux pieds, ou bien il se couvre de linges mouillés ; deux ouvertures seulement garnies de morceaux de verre sont laissées pour les yeux. Ainsi *armé*, et tenant une longue perche à l'extrémité de laquelle est une lanterne, il descend courageusement ; arrivé dans la mine, il se met ventre à terre, rampe jusqu'au lieu d'où part ordinairement la vapeur mortelle pour se répandre aux environs ; il avance sa perche de ce côté, et, au moyen d'une ficelle, il ouvre la lanterne. Aussitôt la vapeur s'enflamme avec un bruit épouvantable, et sort par l'un des puits.

AMÉDÉE. — J'espère que c'est là du courage!

M. DERVILLE. — La violence de la commotion ébranle la masse d'air contenue dans la mine, en chasse une partie qui est promptement remplacée par l'air atmosphérique, et les travaux peuvent être repris sans nul danger.

CÉCILE. — Mais l'ouvrier! il reste mort sur la place, n'est-ce pas, mon père?

M. DERVILLE.—Non, mon enfant. Aucun mal ne lui arrive, pourvu qu'il se tienne bien étendu à terre. La violence de l'action de ce tonnerre factice ne se déploie que dans la partie supérieure de la mine.

« Quand je me serai reposé un peu,

je vous lirai le récit d'une excursion faite par le capitaine Bathurst, sa femme et ses enfants, dans l'une des mines de sel les plus fameuses de la Pologne. »

CHAPITRE VI

Mines de sel de Wieliczka. — Fleuve souterrain.— Lac souterrain. — Salines. — Marais
salants.—Conclusion.

—

M. Derville prit sur la table un volume qu'il avait apporté, et auquel, jusqu'alors, personne n'avait fait attention;
il le feuilleta quelque temps et dit :
« Dans les années 1832 et 1833, le capitaine Bathursi et sa famille firent un
voyage en Russie et en Pologne; voici
ce que le capitaine rapporte des mines
si célèbres de Wieliczka. J'abrégerai un
peu son récit. C'est le capitaine qui parle.
« Je ne voulais pas quitter Cracovie sans

aller visiter les mines de sel à Wieliczka. Un seul obstacle s'y opposait, la présence de ma femme ; mais lorsqu'elle connut mon intention, elle témoigna le désir de me suivre, accompagnée de nos deux enfants. Je refusai d'abord, mais je cédai bientôt à ses instances.

« Nous partîmes enfin. Après un court trajet nous nous trouvâmes aux portes de Wieliczka. C'est une petite ville située au milieu d'une vallée, au pied de l'une des chaînes des monts Krapacks. Wieliczka n'était autrefois qu'un amas de hameaux ; mais insensiblement, grâces aux richesses que répand dans le pays l'exploitation des mines, Wieliczka est aujourd'hui une assez jolie petite ville.»

AMÉDÉE — Entends-tu, Cécile ? Et pourtant ce ne sont que des mines de sel, et non pas des mines d'or !

M. Derville. — Mes enfants, la mine qui fournit un métal ou un minéral d'un usage tellement général, que les classes même les plus pauvres, qui sont partout les plus nombreuses, ne peuvent s'en passer, donne au pays des richesses bien plus considérables que les mines de pierres précieuses, et répand partout une véritable aisance. Les ventes sont journalières, les bénéfices petits, mais multipliés ; les travaux sont immenses, et la misère disparaît du pays ; tandis qu'elle est grande, je vous le répète, dans les contrées où l'homme ne recueille *que* le diamant et l'or ! Je continue : « Les mines de sel gemme furent découvertes vers le milieu du treizième siècle, sous le règne de Boleslas V, roi de Pologne. Casimir-le-Grand régla leur exploitation, et depuis cette époque, elles sont devenues une source inépuisable de prospérité pour la contrée entière.

« A notre approche, l'un des mineurs nous demanda la permission de nous servir de guide ; nous acceptâmes. Il nous dit qu'on pouvait descendre par un escalier de quatre cents marches, ou à l'aide d'un câble. A mon grand étonnement, ma femme choisit le câble.

« Aussitôt on nous affubla de longues tuniques blanches pour préserver nos vêtements de l'humidité, et l'on nous conduisit sous une espèce de hangar, où deux petits garçons, une lampe à la main, nous attendaient. Dès qu'ils nous virent arriver, ils découvrirent l'ouverture par laquelle nous devions descendre et ramenèrent à eux un câble d'une grosseur prodigieuse, enroulé sur un cylindre fixé à la voûte du hangar. »

CÉCILE. — Ah! tous ces préparatifs... Cela vous fait froid!

M. DERVILLE *continuant.* — « Je fis asseoir ma femme et mes deux enfants sur l'un des siéges disposés le long du câble, en ayant soin de les attacher à la corde par dessous les aisselles. Dès que nous fûmes tous prêts, visiteurs et conducteurs, à la faible lueur des deux petites lampes, nous nous laissâmes plonger dans les profondeurs de l'abîme. La corde se déroulait avec rapidité; il me semblait, à mesure que nous descendions, que la vitesse augmentait, tant la colonne d'air que nous déplacions, soulevait avec violence nos vêtements. En moins de deux minutes nous touchâmes le fond. Un groupe de mineurs vint nous souhaiter la bienvenue et nous aider à nous dégager de nos siéges et de nos attaches. Je reconnus ce service par quelques pièces de monnaie. Les mineurs retournèrent à leurs travaux, et nous nous trouvâmes seuls avec notre conducteur Klakowicz, et les deux enfants chargés de nous éclairer.

« Pendant quelque temps, mes yeux accoutumés à la clarté d'un jour brillant, ne purent rien distinguer dans le monde ténébreux et nouveau où nous nous trouvions. Mais peu à peu je commençai à voir ces voûtes épaisses qui se prolongent à une immense distance, et enfin je pus contempler le produit des travaux de l'homme audacieux dans les entrailles de la terre.

« Klakowicz nous fit traverser de gran-

des salles, de longs corridors, où le silence n'était interrompu que par le bruit
des outils, attaquant les rocs de sel minéral et par le chant de quelques ouvriers dispersés çà et là. Nous arrivâmes
à une salle assez spacieuse, à l'entrée de
laquelle est placée la statue d'Auguste II,
roi de Pologne, de grandeur naturelle et
faite d'un seul bloc de sel. « Nous voici
dans la chapelle, » dit Klakowicz. En
effet, nous étions dans un petit temple
consacré au culte catholique. Au fond,
s'élève un autel d'un travail magnifique,
et, tout autour, la voûte est soutenue par
des colonnes sans nombre ; cette voûte
était à une hauteur trop grande pour que
la lueur des lampes pût l'éclairer. A
droite et à gauche de l'autel, sont deux
statues d'enfants de chœur exécutées en
sel rose. Klakowicz nous dit que cette
espèce de sel est devenue fort rare. Tirant

de sa poche une petite boîte. il me pria de lui permettre d'offrir à ma fille quelques bijoux, sans autre valeur que la rareté de la matière avec laquelle ils étaient faits. Emma remercia et s'empressa d'ouvrir la boîte qui contenait un collier et des boucles d'oreilles de sel rose. Ces bijoux étaient travaillés avec beaucoup d'art et de délicatesse. »

CÉCILE. — Je voudrais bien, au moins, voir du sel rose !

MADAME DERVILLE. — Quand tu voudras nous irons, à notre tour, visiter la mine de sel de Wieliczka.

AMÉDÉE. — Je suis bien certain que Cécile préférera l'escalier de quatre cents marches au câble !

M. DERVILLE *continuant.* — « Nous

passâmes ensuite dans la salle du lustre, appelée *Kloska* par les mineurs. Rien de plus majestueux et de plus imposant que le spectacle qui s'offre en ce lieu. Tout autour règne une forêt de piliers noirs; de chaque côté viennent aboutir des corridors vastes et obscurs; mille arcades se succèdent les unes aux autres. Du milieu de la voûte descend une immense girandole de sel cristallisé dont les branches se prolongent au loin dans tous les sens. »

AMÉDÉE. — Mon père, est-ce l'ouvrage de la nature ou des hommes?

M. DERVILLE. — Le capitaine Bathurst ne le dit pas : mais il est présumable que la main des hommes a perfectionné ce que la nature avait ébauché grandement, largement. Je continue : « Nous marchâmes quelque temps sans jamais rencontrer d'obstacles ; cependant un mugissement épouvantable se faisait entendre de temps en temps. On eût dit un torrent grossi par l'orage. C'était en effet un fleuve souterrain dont les eaux tombent avec force d'une hauteur prodigieuse, pour couler quelques pas plus loin avec tranquillité. »

CÉCILE. — Ah ! mon Dieu ! si ce torrent venait à déborder !

M. DERVILLE *continuant.* — « Nos enfants étourdis par le bruit, émus par ce spectacle tremblaient et pleuraient de frayeur. Je priai Klakowicz de les conduire auprès de quelques ouvriers, dans un endroit moins horrible, et j'ordonnai à John de les surveiller. Pour nous, nous attendîmes le retour du guide au pied de la cataracte. »

CÉCILE. — Tu vois bien, Amédée, que d'autres que moi peuvent être poltronnes !

AMÉDÉE. — Je ne dis pas non ; mais il faut tâcher de se guérir de la poltronnerie, car c'est un vilain mal de toute façon.

CÉCILE. — Quel air doctoral !

MADAME DERVILLE. — Chut ! n'interrompez pas ainsi votre père à chaque instant.

M. DERVILLE *continuant*. — « Klakowicz fut bientôt de retour ; il nous assura que nos enfants étaient à l'abri de tout danger, et il nous conduisit, en suivant les sinuosités du torrent, sur un petit pont d'où nous pûmes apercevoir avec plus de facilité cette vaste enceinte

Nous avions autour de nous une centaine d'ouvriers qui, une lampe suspendue à la ceinture, coupaient des blocs de sel. Le fleuve coulait au-dessous de nous ; une étendue de sept mille pieds se déroulait devant nos yeux ; à gauche était la cascade ; et au-dessus de nos têtes, s'élevait une voûte à la hauteur de quatre cent trente-deux pieds du sol.

« Nous parcourûmes ensuite une infinité d'autres salles non moins remarquables, des corridors de toutes les grandeurs, des allées de toutes les dimensions dont les voûtes étaient, pour la plupart, soutenues par des piliers de bois brut. Nous visitâmes ensuite les écuries, où quelques chevaux décrépits se reposaient en attendant l'heure de la fatigue. Klakowiez esquissa en peu de mots le tableau de l'administration des mines ; il nous indiqua les différentes branches de travail qu'elles exigent, et porta à plus de douze cents le nombre des hommes employés à leur exploitation. Il nous montra des blocs de sel de cinq à six quintaux (le quintal, mes enfants, pèse cent livres), taillés en forme cylindrique ; ce qui les rend plus faciles à transporter : des tonneaux contiennent les débris de ces blocs réduits en petits morceaux. Puis, il nous fit distinguer les quatre espèces de sel qui forment les roches de Wiesliczka ; le sel brun ou grossier : le sel vert ou *zielow* ; le sel blanc appelé *szibikawa*, et le sel cristallisé, transparent qui porte le nom de *oczkowata*. Il nous présenta des morceaux de sel extraits des strates ou couches supérieures et qui étaient mêlés avec de la terre glaise, des coquilles et des pétrifications. »

AMÉDÉE. — Remarques-tu cela Cécile? Avec le temps ces morceaux-là seraient devenus tout entiers du sel gris, ou vert, ou blanc, comme celui de l'intérieur de la mine ; ainsi que les coquillages, la terre glaise, deviennent pierres et marbres, n'est-ce pas, mon père ?

M. DERVILLE. — C'est probable, mon fils ; ce que rapporte le capitaine Bathurst, confirme cette supposition ; le voici : « La première couche de sel pur est à *mille pieds* au dessous de la surface du sol. »

CÉCILE. — Ah ! que de temps il faudra pour que celui qui est dans les couches d'en haut, devienne du sel pur !

AMÉDÉE. — Du temps, et une énorme quantité de sédiments déposés en dessus par les eaux. Mais probablement cela n'arrivera jamais ; car aujourd'hui Cracovie est bien loin de la mer, et il paraît que la mer a passé par là autrefois, puisqu'on trouve encore des coquillages. Il faut absolument que j'étudie la géologie.

— « Je l'étudierai avec toi! » dit vivement Cécile.

Un tendre baiser des bons parents récompensa le frère et la sœur du désir si vif qu'ils montraient d'acquérir de l'instruction.

M. Derville reprit son livre et sa lecture. « Klakowicz nous assura que, d'après les archives, où a tiré de la mine, depuis l'époque où elle fut découverte, plus de six cent millions de quintaux de sel. »

AMÉDÉE. — Six cent millions de quintaux !

M. DERVILLE *continuant.* — « Nous passâmes ensuite devant l'obélisque et nous nous arrêtâmes dans la salle du bal. Mais je ne sais pourquoi je n'éprouvai pas ici le saisissement dont l'aspect de tant de grandeurs souterraines avait pénétré mon âme. Peut-être ma froideur venait-elle du mauvais effet produit par l'alliance malheureuse des beautés grandioses de la nature, avec les richesses mesquines et frêles de nos salons. Klakowiez avait fait allumer cependant des bougies dont la clarté se répandait dans toute l'enceinte, et si l'ensemble ne me saisit pas d'admiration, les détails, du moins, attirèrent mon attention. Cette singulière salle est garnie de meubles construits des mêmes matériaux que les colonnes, et le tout est curieusement travaillé. Notre conducteur, homme de quarante-cinq ans, avait été témoin, dans sa jeunesse, des fêtes magnifiques données dans les mines de sel. Il nous parla surtout de celle qui y fut célébrée en 1813 à l'époque de la retraite du prince Poniatowski. Ma femme prêtait une oreille attentive au récit animé de Klakowicz. La moindre circonstance de la narration l'intéressait, et elle faisait souvent répéter au guide complaisant les particularités qui la frappaient le plus. Il fallut cependant quitter la salle de bal ; ma femme s'y décida avec peine. Elle aurait très-volontiers fait le sacrifice de ce qui restait à voir, pour jouir encore quelques instants de la vue de cette salle et des récits qui l'intéressait si vivement. »

CÉCILE. — J'aurais bien été comme elle!

M. DERVILLE *continuant*. — «On éteignit les bougies, et nous sortîmes.

» Nous étions retombés dans les ténèbres, et comme la lueur des lampes ne suffisait plus, les deux enfants qui nous précédaient allumèrent des torches. Après quelques détours, nous arrivâmes dans la salle du lac. Ici, à la lueur des flambeaux se développait, à nos yeux, une vaste nappe d'eau, un lac souterrain. Cette eau était noirâtre et tranquille; sur les rives éloignées s'avançaient des étrangers que la curiosité amenait comme nous en ces lieux. Revêtus de leurs longues tuniques blanches, éclairés par la flamme vacillante des torches, ils apparaissent comme les ombres des morts privés de sépulture qui voltigent sur les bords du Styx, jusqu'à ce qu'une main pieuse creuse une tombe à leur dépouille. Pour compléter l'illusion, il y avait sur le Pezykos (c'est le nom du lac), une barque amarée à une chaîne de fer. »

CÉCILE. — Il semble qu'on voit tout cela !

M. DERVILLE *continuant.* — « Une voix lugubre nous demanda d'un ton brusque si nous voulions nous embarquer. »

CÉCILE. — Ah ! sur ces eaux noires !

AMÉDÉE. — Tais-toi donc, ma sœur !

M. DERVILLE *continuant.* — « Nous nous approchâmes ; les autres étrangers imitèrent notre exemple, et nous tentâmes ensemble la traversée. Deux bateliers dirigèrent notre esquif sur les eaux pesantes du lac infernal. Le tourbillon de fumée que répandaient nos torches, leur clarté qui se réfléchissait sur la surface de ce lac souterrain, le chant des bateliers, le bruit des rames, l'agitation de l'eau, ces habits étranges dont nous étions revêtus, ce vague qu'on ne saurait définir, mais que l'on éprouve dans les circonstances extraordinaires, tout cela avait exalté mon imagination ; je laisse à penser si celle de ma femme était demeurée oisive. Nous débarquâmes enfin sur l'autre rive, incertains encore si le batelier n'exigerait pas l'obole des morts. »

Cécile. — Mais ils n'étaient pas morts, j'espère !

Madame Derville *en riant.* — Oh ! ma fille, que tu es prosaïque !

M. Derville *continuant.* — « Klakowicz nous fit descendre aux étages inférieurs. Après avoir parcouru avec lui beaucoup d'autres salles également remarquables, visité les machines, les pompes, nous allâmes sous une voûte où pendaient des stalactites brillantes, des cristaux réguliers et incrustés de globules de sel semblables à des diamants. Nous admirions, depuis quelque temps, ces richesses naturelles si élégantes et si variées, quand, avec le plus grand sang-froid, Klakowicz nous dit, en appuyant sur les mots : «Le lieu où nous « sommes correspond juste au milieu « du lac que nous avons traversé tout à « l'heure ! »

Cécile. — Ah ! le lac va se faire jour à travers la voûte, je le parie !

M. Derville *continuant.* — « Ma

femme, à ces mots, dominée par une terreur soudaine, jette un cri, se dégage de mon bras, et court vers l'entrée ; je cours après elle... Tout à coup une explosion se fait entendre tout près de nous, puis le bruit de la chute des décombres retentissant au milieu du fracas répété, de proche en proche et de loin en loin, par les échos... Nous crûmes que les voûtes s'écroulaient sous le poids des eaux du lac, et nous demeurâmes comme pétrifiés. »

Amédée. — Pour cela, je le crois ! Cécile en est devenue toute pâle.

M. Derville *continuant*. — « Klakowicz qui venait à nous, en riant, dissipa d'un mot nos folles terreurs. On venait de détacher, par le moyen de la poudre, un énorme bloc de sel. »

Amédée. — Je l'avais deviné !

M. Derville *continuant.* — « Nous quittâmes enfin ce sombre et magnifique séjour où nous avions passé plus de huit heures, mais qui, au dire de notre guide, ne pourrait être visité en entier que dans l'espace de six mois. Nous remontâmes au premier étage par un escalier taillé dans le sel, et nous retrouvâmes nos deux enfants, un peu inquiets, mais heureux de nous revoir ! »

Cécile. — Je le crois bien !

M. Derville, *continuant* : « Je laissai quelques schellings à Kaklowicz, qui riait sous cape de notre frayeur ; et, après avoir fait attacher au câble qui nous avait descendus une de ces cages dans lesquelles on retire le sel de la mine, j'y déposai ma femme, mes enfants ; puis j'y entrai à mon tour. «

nous regagnâmes tous ensemble la surface terrestre. »

CÉCILE.—Ouff! J'ai eu plus d'une fois le cœur serré! Et, cependant, tout cela est si beau à voir, que je crois que j'irais bien volontiers.

AMÉDÉE.—Et moi aussi. Mais je comprends qu'il faille bien six mois pour tout voir en détail. C'est immense! Mais, mon père, il y a d'autres mines de sel encore que celles de Pologne?

M. DERVILLE. — Sans aucun doute, mon enfant. Celle de Wieliczka étant la plus célèbre, je m'y suis arrêté d'autant plus volontiers, que le voyage du capitaine Bathurst a été fait pour ainsi dire récemment.

AMÉDÉE.—Mon père, je me suis mal

expliqué ; je voulais dire qu'il y a d'autres.... salines ; enfin, qu'on peut fabriquer du sel.

M. Derville. — En *fabriquer*, non. On peut l'extraire des eaux qui proviennent de sources naturellement salées, ou bien des eaux de la mer, qui en contiennent une grande quantité en dissolution ; le sel donné par ces dernières est appelé *sel marin* ; on le préfère de beaucoup au sel gemme, ou sel natif. La manière dont on s'y prend pour l'évaporation des eaux salées, est fort curieuse.

Cécile. — Oh ! raconte-nous le ; veux-tu, mon petit père ?

M. Derville. — Je le veux bien. Elle est à peu près la même en Allemagne, en France, en Angleterre. Les eaux des sources salées, réunies dans un réservoir, y sont puisées par une pompe, et conduites par des rigoles fort élevées, qui les laissent retomber d'une grande hauteur sur des fascines ou fagots de bois menu et épineux. Cette opération a pour objet de diviser à l'infini les eaux salées ; de les exposer, par une multitude de points ou de surfaces, à l'action de l'air, et d'en hâter ainsi l'évaporisation. La même eau est soumise un grand nombre de fois à passer par les fascines ; cela s'appelle *graduer l'eau*. L'eau, amenée ainsi au degré de salure convenable, est conduite dans de grandes chaudières plates et carrées ; on achève de l'évaporer par le moyen du feu, et l'on recueille le sel qui se précipite au fond, en cristaux plus ou moins bien formés.

CÉCILE. — On a plus tôt fait de recueillir le sel dans les mines !

M. Derville. — Les habitants des côtes forment des *marais salants*. Ce sont des bassins ou fossés étendus et peu profonds que l'on creuse, et que l'on consolide de manière à ce qu'ils retiennent bien l'eau. Par le moyen d'une écluse, on les remplit d'eau de mer à la marée montante. Cette eau, qui présente une vaste surface aux rayons du soleil, se concentre par l'effet de la chaleur, du vent, et dépose sur le sol tout le sel qu'elle peut contenir en dissolution. On retire ce sel, on le met en tas sur les bords pour le faire égoutter et sécher, puis on le soumet au raffinage. D'autres fois, on établit sur le rivage une vaste esplanade de sable que le flot doit submerger dans les hautes marées des nouvelles et des pleines lunes ; ce sable s'imprègne de sel, et, dans les intervalles des marées, on en réunit la sur-

face en tas : puis on lave ces tas dans de
l'eau de mer que l'on sature ainsi de
sel ; on verse doucement l'eau pour la
séparer du sable, et on l'évapore ensuite
dans des chaudières plates et carrées,
ainsi que je vous l'ai dit déjà.... Mais
tout ceci, mes enfants, appartient plutôt à l'industrie qu'à l'histoire naturelle
dont nous nous occupons spécialement ;
nous y reviendrons quelque jour : quelque jour, nous pénétrerons dans les la-
boratoires de chimie, dans les cabinets
de physique, où l'homme audacieux dé-
compose et recompose l'air, l'eau, les
minéraux ; où il joue avec le feu du ciel,
l'électricité ; où il donne une image sensible de la circulation du sang ; de là,
nous pénétrerons dans les ateliers de
l'industrie, si puissamment aidée par
les hautes sciences, et qui les aide, à son
tour, en les mettant sur la voie de nou-

velles découvertes à faire, de nouvelles combinaisons à constater : car, mes enfants, un lien bien fort quoique invisible pour ceux qui ne savent point *voir*, unit entre elles toutes les sciences, produits des travaux de l'intelligence, tous les arts, conceptions du génie; et, de même, sont unis tous les objets animés ou inanimés de la création. Ne le comprenez-vous pas, aujourd'hui? Aujourd'hui que nous venons de jeter un coup d'œil sur ce que l'homme appelle les trois règnes de la nature? L'un pourrait-il exister sans l'autre? Ne se reproduisent-ils pas l'un l'autre bien plus encore qu'ils ne s'entredétruisent?

AMÉDÉE. — C'est vrai, au moins, ma sœur !

CÉCILE. — Je ne.... vois pas trop...

AMÉDÉE. — Comment tu ne vois pas que, s'il n'y avait point de végétaux, les animaux herbivores et carnivores n'auraient pas de quoi manger; ils mourraient tous, et alors comment se nourriraient les animaux carnassiers? Si ensuite les animaux, les végétaux ne mouraient pas, de quoi serait composé l'humus qui rend la terre végétale, productive? Avec quoi le carbone s'unirait-il pour donner de la houille? et où prendrait-on de la tourbe? Car, j'ai lu l'autre jour que la tourbe n'est pas autre chose que des détritus de végétaux.

CÉCILE. — J'espère qu'Amédée se sert des plus grands mots sans hésiter du tout!

AMÉDÉE. — Ensuite, sans les coquil-

lages, sans les madrépores, aurions-nous
du marbre? Sans le sable, sans la poussière, et sans les eaux, aurions-nous des
pierres?....

CÉCILE. — Et sans les pierres, nous
n'aurions ni sable, ni poussière..... Oui,
je commence à entrevoir que tout cela
se tient.

M. DERVILLE. — Mon enfant, dans
quelques années, lorsque, par l'étude,
tu auras acquis de l'instruction et reculé
les bornes, un peu étroites encore, où
est renfermée ton intelligence, tu com-
prendras que l'homme a bien pu *classer*
par *règnes*, et, dans les trois règnes de la
nature, par embranchement, ordres et
familles, les animaux, les végétaux, les
minéraux, mais que ces trois règnes ne

forment, en effet, qu'un *tout* qui constitue l'univers. Alors seulement tu prendras une idée claire et digne de la grandeur du Créateur ; alors seulement tu reconnaîtras les influences réciproques qu'exercent l'un sur l'autre les objets qui nous entourent ; influences auxquelles nous ne pouvons pas plus échapper qu'aucun des êtres de la création.

« Travaillez, mes enfants. J'ai ouvert un vaste champ à vos études, et devant vous est le livre de la nature. Que vos propres observations viennent à l'appui du peu que je vous ai enseigné. Depuis trois mois nous n'avons fait autre chose qu'apprendre qu'il y a beaucoup à apprendre ; songez-y sans cesse pour vous exciter à la patience et à la persévérance.

CÉCILE. — Ainsi, mon père, tu ne nous parleras plus du tout d'histoire naturelle d'ici à l'année prochaine ? Quel dommage !

M. DERVILLE. — Je t'en parlerai ainsi qu'à ton frère, si vous me donnez l'occasion de voir que vous cherchez à acquérir par vous-même ; si vous me prouvez, en faisant des herbiers, en recueillant des chenilles pour former des collections de papillons, des cailloux, des pierres pour commencer un cabinet minéralogique, que vous avez profité de mes leçons. Vous me le prouverez encore en questionnant les paysans sur leurs travaux, sur leurs troupeaux, sur leur basse-cour, et en notant, avec soin, ce que vous aurez recueilli par les observations d'autrui ou par vos propres observations.

CÉCILE. — Maman tu nous aideras, n'est-ce pas, et toi tu m'aideras, mon frère?

AMÉDÉE. — Je te l'ai promis ; mais je te le promets encore. Voici ma main !

— « Et voici la mienne! dit madame Derville, avec un doux sourire. Courage, mes enfants! Rien ne nous manquera pour nos études. Nous avons la nature, les observations pratiques de ceux qui ont beaucoup fait, beaucoup vu ; des livres, et par-dessus tout un professeur, dont tous les deux vous avez éprouvé plus d'une fois la patience et la bonté ! »

Amédée et Cécile s'élancèrent au cou de leur père, qui les serra étroitement sur sa poitrine, en disant d'une voix émue : Mes enfants, nous sommes tous, maintenant, sur la voie du bonheur ! »

FIN.

TABLE

DES CHAPITRES.

—

13

FIN DE LA TABLE.